**Bibliografische Information der Deutschen Nationalbibliothek:**

Die Deutsche Bibliothek verzeichnet diese Publikation in der Deutschen Nationalbibliografie; detaillierte bibliografische Daten sind im Internet über http://dnb.d-nb.de/ abrufbar.



**Impressum:**

Copyright © 2009 GRIN Verlag, Open Publishing GmbH
Druck und Bindung: Books on Demand GmbH, Norderstedt Germany
ISBN: 9783640560608

**Dieses Buch bei GRIN:**

http://www.grin.com/de/e-book/136896/leitung-von-bauprojekten-nach-sia-versus-projektmanagement-nach-pmbok

**Karl Wyss-Christ**

# Leitung von Bauprojekten nach SIA versus Projektmanagement nach PMBOK® Guide

## Ein Methodenvergleich

GRIN Verlag

# „Leitung von Bauprojekten nach SIA
# versus
# Projektmanagement nach PMBOK® Guide"

## Ein Methodenvergleich

---

Karl Wyss

Abschlussbericht zum vertiefenden Selbststudium
verfasst im Rahmen des Nachdiplomstudiums
Projektmanagement-Praxis
an der Höheren Fachschule für Wirtschaft Baselland
in Reinach

Reinach 28. Mai 2009

# VORWORT

Die Tätigkeiten in Bauprojekten unterliegt oft einer branchen- und projektspezifischen Eigendynamik, bei welcher viele Unternehmungen ihre eigenen wirtschaftlichen Interessen nicht selten in den Vordergrund stellen.

Es ist eine Tatsache, dass in der Planungsphase von Bauprojekten oft nur die Marktpreisorientierung im Vordergrund steht, d.h. das „billigste„ Angebot wird berücksichtigt. Diese Situationen im Kontext der Zeit hinterlassen oft Bauprojekte mit bescheidener Qualität, und somit einem verkürzten Lebenszyklus. Weiter wird in Wohnbauprojekten oft den Bedürfnissen der Benutzer zu wenig Achtung geschenkt, d.h. sie werden in der Planungsphase zu wenig oder gar nicht integriert. Die Nachhaltigkeit der Projektergebnisse unter solchen Umständen ist in zahlreichen Fällen unbefriedigend.

Die Normen- und Regelwerke des schweizerischen Ingenieur- und Architektenverein SIA enthalten wertvolle Grundlagen für die Führung von Bauprojekten. Sie bilden einen ganzheitlichen Standard mit dem definierten Ziel nachhaltiger Bauprojekte.

Im Literaturwerk „A Guide to the Project Management Body of Knowledge (PMBOK® Guide)“ sind die Grundlagen der Projektführung, Projektmanagement als allgemein gültiger, ganzheitlicher und branchenunabhängiger Standard umschrieben.

Obige Situationen bei meiner täglichen Projektarbeit und das erlernte Wissen in diesem Studium haben mich dazu bewogen, die beiden Standards einander gegenüber zu stellen, um meinem persönlichen Ziel nachhaltiger Ergebnisse bei Bauprojekten näher zu kommen. Nachhaltigkeit und schonender Umgang z.B. mit der Ressource Bodenfläche hat Antoine de Saint Exupéry wundervoll im nachstehenden Zitat geschrieben.

„Wir erben nicht die Erde von unseren Vorfahren, wir leihen die von unseren Nachkommen“
Antoine de Saint Exupéry

Im Text wird der Einfachheit halber nur die männliche Form angegeben, wobei selbstverständlich auch immer die weibliche Form Gültigkeit hat.

Sämtliche benutzten Abkürzungen sind im Abkürzungsverzeichnis dokumentiert.

# Inhaltsverzeichnis



## A Abbildungsverzeichnis



## B Tabellenverzeichnis

# C Abkürzungsverzeichnis

| | |
|---|---|
| AG | Auftraggeber |
| allg. | allgemein |
| BH | Bauherr |
| BKP | Baukostenplan |
| bzw. | beziehungsweise |
| d.h. | das heisst |
| ff. | fortfolgende |
| ggf. | gegebenenfalls |
| GPK | Geschäftsprüfungskommission |
| GPK-PUK | parlamentarische Untersuchungskommission mit ausgestatteten GPK |
| GU | Generalunternehmer in Bauprojekten |
| i.d.R. | in der Regel |
| IPB | Interessegemeinschaft privater professioneller Bauherren |
| IPMA | International Project Management Association |
| KBOB | Koordination der Bau- und Liegenschaftsorgane des Bundes |
| MA | Mitarbeiter |
| NDS | Nachdiplomstudium |
| öff. | öffentlich |
| Ph | Phase, resp. Bauphase z.B. Ph 4 Realisierung / Ausführung |
| PL | Projektleiter |
| PM | Projektmanagement |
| PMBOK | Project Management Body of Knowledge (PMBOK Guide) |
| PMI | Project Management Institute |
| PQM | Projektorientiertes Qualitätsmanagement |
| PSP | Projekt-Struktur-Plan |
| QM | Qualitätsmanagement |
| resp. | respektive |
| SGO | Schweizerische Gesellschaft für Organisation & Management |
| SIA | Schweizerischer Ingenieuren und Architektenverein |
| sog. | so genannte |
| TU | Totalunternehmer in Bauprojekten |
| u.a. | unter anderem / und andere |
| UMB | Umbau / Umbauprojekt |
| UN | Unternehmer |
| usw. | und so weiter |
| vgl. | vergleiche |
| z.B. | zum Beispiel |
| z.T. | zum Teil |

# Projektmanagement nach SIA versus PMBOK®

## 1 Management Summary

Es gehört zur Tätigkeit von Fachingenieuren, Planern und Architekten, Bau-Projekte zu strukturieren, Aufbauorganisationen und Ressourcen zu koordinieren und Ablauforganisationen zu dokumentieren und zu überwachen. Erfolgreiches Projektmanagement bedeutet, die relevanten Vorschriften zu kennen, Abläufe, Terminpläne, Organisation, Kostenmanagement und die Kommunikation über alle gleichzeitig laufenden Projekte „ganz" im Griff zu haben.

Die Normen- und Regelwerke des schweizerischen Ingenieur- und Architektenverein (SIA) und das Literaturwerk PMBOK® Guide des Project Management Institut (PMI®) vermitteln einerseits das entsprechende Know How der Disziplin Projektmanagement und stellen andererseits die entsprechenden vertraglichen und organisatorischen Strukturen zur Verfügung. Die nachstehende Vorstellung und anschliessende Gegenüberstellung der beiden Literaturwerke zeigt Möglichkeiten wie Kernkompetenzen von Projektverantwortlichen in der Baubranche mit Wissensgebieten des Projektmanagements bereichert werden können.

Der vorliegende Bericht zeigt wo sich die Normen- und Regelwerke des SIA und das PMBOK® Guide ergänzen. Es werden Erfahrungswerte aus der Sicht eines Fachingenieurs im Kontext der Bauleitung d.h. der Projektleitung dargestellt und teilweise analysiert. In diesem Bericht werden auch die unterschiedlichen Interessen der Projektbeteiligten Prioritäten umschrieben. Der Abschluss enthält als Schlussfolgerung direkte Anregungen, Hinweise und Handlungsempfehlungen über eine mögliche Anwendung des PMBOK® Guide bei Bauprojekten.

Fazit: „Ausser dem Managen von Terminen und Kosten gibt es noch mehr Tätigkeiten, die zur Aufgabe eines Projektleiters der Baubranche gehören."

PMBOK® Guide ist gemäss nachstehender Gegenüberstellung ein geeignetes Mittel die Wissensbildung zu erweitern, damit die Tätigkeit als Architekt oder Ingenieur auch mit der Disziplin Projektmanagement für die Leitung von Bauprojekten erfolgreich und ganzheitlich gestaltet werden kann. Nachstehendes Zitat als Anregung für „den Mann mit der Peitsche" - Projektleiter.

„Man hat Arbeitskräfte gerufen, und es kommen Menschen"
Max Frisch

# 2 Einleitung

## 2.1 Absicht und Ziel

Die Realisierung von Bauprojekten kann durchaus als ursprüngliche Form des Projektmanagements bezeichnet werden. Sind doch alte bekannte Grossprojekte wie z.B. Pyramiden in Ägypten oder die chinesische Mauer bekannte Bauprojekte. Das Bauprojektmanagement bildet eine grundlegende Aufgabe für Architekten und Ingenieure. Neben den klassischen Architektur- und Ingenieurbüros übernehmen zunehmend auch Total- und Generalunternehmer solche Aufgaben.

Eine besondere Schwierigkeit des Bauprojektmanagements besteht darin, dass zur Erstellung eines Bauprojektes eine Vielzahl an Fachplanern (z.B. Elektro- Heizungsplaner, usw.) und ausführenden Handwerkern (z.B. Baumeister, Elektroinstallateur, Heizungsmonteure, usw.) erforderlich sind, deren Tätigkeiten miteinander verknüpft sind und in unterschiedlicher gegenseitiger Abhängigkeit stehen.

Mit meiner Arbeit möchte ich aufzeigen, wie die Betrachtungsweise und Methodik gemäss PMBOK® Guide bei der täglichen Arbeit als Fachingenieur oder Projektleiter im Baugewerbe eingesetzt werden kann. Grundlage des Vorgehens bilden die Phasen eines Bauprojektes.

Was bringt eine Standardisierung und die Professionalisierung im Projektmanagement (PM)? Sind bessere Qualität für den Auftraggeber/Bauherr, Kostensenkung und Effizienzsteigerung für Architektur- und Ingenieurunternehmen oder erhöhte Termintreue möglich? Dies sind unter anderen Ziele beider Institutionen, dem Project Management Institut (PMI) und dem schweizerischen Ingenieur- und Architektenverein (SIA).

Ziel meiner Arbeit ist die Steigerung der Effektivität und Effizienz in der Praxis, sowie das erarbeiten von „Lessons Learned“ mit entsprechen Handlungsempfehlungen.

## 2.2 Aufbau der Abschlussarbeit

Das vorliegende Dokument besteht aus nachstehend umschriebenen Teilen.

Nach der Einführung in das Thema mit Ausgangslage und Fragestellung im ersten Teil , werden im zweiten und dritten Teil die wichtigsten Begriffe und Grundlagen einer Abwicklung von Bauprojekten dargestellt. Im vierten Teil wird das Literaturwerk des PMI PMBOK® Guide vorgestellt.

Im fünften Teil werden die Literaturwerke der beiden Institutionen PMI und SIA mit dem entsprechenden Bezug zur Ausgangslage einander gegenübergestellt. Teil sechs umschreibt schliesslich die erarbeiteten Antworten aus obiger Fragestellung

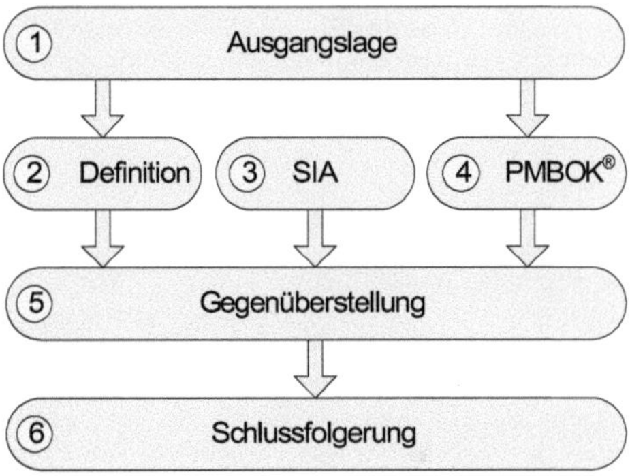


**Abbildung 1 Aufbau der Abschlussarbeit**

## 2.3 Methodik der Abschlussarbeit

Die Methodik der vorliegenden Abschlussarbeit verläuft vorwiegend beschreibend (deskriptiv) und analytisch oder anders formuliert, nicht festlegend.

Wichtige Texte werden jeweils grau hinterlegt. Verschiedene PM-Methoden und PM-Techniken, welche ich mir im Rahmen des NDS aneignen konnte, werden teilweise weiterverwendet resp. zitiert. Die verwendeten Bücher, Skripte, Dokumente und Studienarbeiten für diese Abschlussarbeit kommen mehrheitlich aus den Bereichen Projektmanagement und/oder dem schweizerischen Ingenieur- und Architektenverein SIA. Es fliessen Erkenntnisse aus Fachliteratur und wissenschaftlichen Arbeiten und auch eigene Erkenntnisse und Erfahrungen, in diese Abschlussarbeit ein.

## 3 Ausgangslage Erfahrungen bei Bauprojekten

Die nachstehende Tabelle ergibt einen Überblick aus meinen Erfahrungen der letzten zehn Jahre als Teil-Projektleiter Gebäudetechnik. Zu beachten gilt, dass ein Umbau – Projekt (UMB) gegenüber einer Neuerstellung ein höheres Risiko darstellt. Die Überschrift AG / BH in nachstehender Tabelle steht für Auftraggeber / Bauherrschaft. Die Spalte Skills des Projektleiters (PL) bezieht sich auf die Gesamt-Projekt-Leitung des Bauprojektes, meistens ist dies der Architekt. In der Spalte „Skills des PL" sind Skills als allgemeine und zwischenmenschliche Fertigkeiten, Kenntnisse von Methoden in der Projektführung – Leitung zu verstehen. Deutlich erkennbar wird der Einfluss dieser Projektleitung bzw. Management des Bauprojektes (vierte Spalte von links) auf das Projektergebnis.

**Tabelle 1: Beispiele Bauprojekte**

| Beschreibung Bauprojekt | | | | Projekt Ergebnisse | | | |
|---|---|---|---|---|---|---|---|
| **Name** | **Grösse in Mio. CHF** | **Projekt Risiko** | **Skills des PL** | **Kosten** | **Termin** | **Q** | **Zufriedenheit AG / BH** |
| UMB Kantonsspital | > 100 | H | ☹ | ☹ | ☹ | 😐 | ☹ |
| UMB Altersheim | < 10 | M | ☺ | ☺ | ☺ | ☺ | ☺ |
| Anwaltskanzlei | < 10 | M | 😐 | 😐 | 😐 | 😐 | 😐 |
| UMB Einkaufszentrum | < 20 | H | ☹ | ☹ | ☹ | ☺ | 😐 |
| Laborgebäude | < 20 | M | ☺ | ☺ | ☺ | ☺ | ☺ |
| Industriegebäude | > 20 | M | ☺ | ☺ | ☺ | ☺ | ☺ |
| Günstig Hotel | < 10 | K | 😐 | ☺ | ☺ | ☹ | 😐 |
| UMB Bank | < 5 | H | ☺ | 😐 | ☺ | ☺ | ☺ |
| Verwaltungsgebäude | > 5 | M | 😐 | 😐 | 😐 | ☺ | ☺ |
| Mehrfamilienhaus | < 10 | K | ☹ | ☹ | ☺ | ☹ | 😐 |
| Heilpädagogische Schule | < 10 | M | ☺ | ☺ | ☺ | ☺ | ☺ |

Erklärung:
H=Hoch; M=Mittel; K=Klein

Ausgangslage ist ein Ingenieurbüro für Gebäudetechnik, das sich grundsätzlich über Projektarbeit in der Baubranche definiert und die Fachbereiche Elektro, Heizung-Lüftung-Klima, Sanitär und Gesamtplanungen bearbeitet. Der Projektleiter und die übrigen Projektbeteiligten arbeiten hauptsächlich in ihrem Fachbereich. Die Grundkenntnisse des Projektmanagements im Sinne einer eigenständigen Disziplin „beschränken" sich auf Erfahrungen in Bauprojekten. Siehe auch Vorwort.

Die nächste Tabelle zeigt eine Gegenüberstellung von Pflichtleistungen und Erfahrungen im Kontext der Gesamt – Projektleitung gemäss Normen- und Regelwerke des SIA. Die mittlere Spalte „Bewertung" bezieht sich auf eigene Erfahrungswerte.

**Tabelle 2: Übersicht Gesamtleitung**

| Leistung gem. Definition SIA 108 Art. 3.4.1 für die Gesamtleitung (Pflichtleistungen) | Bewertung | Bemerkungen / Verbesserungspotential (Erfahrungen) |
|---|---|---|
| Die Beratung des Auftraggebers | 😐 | fehlende Sachlichkeit / oft steht das eigene Marketing je Unternehmung im Vordergrund |
| die Kommunikation mit dem Auftraggeber (AG) und Dritten | 😐 | fehlende Sachlichkeit / bescheidene Qualität betreffend Inhalt |
| die Vertretung des Auftraggebers (AG) gegenüber Dritten im vereinbarten Rahmen | 😐 | Integration des AG während der Planungsphase oft knapp. Siehe auch Vorwort |
| die rechtzeitige Bereitstellung von Entscheidungsgrundlagen für den AG | 😐 | oft knapp terminiert |
| die rechtzeitige Formulierung von Anträgen an den AG | ☹ | fehlende Sachlichkeit und Präzisierung / oft spät |
| die Einholung von Entscheiden und die Abmahnung von nachteiligem Verhalten des AG | 😐 | fehlt oft (wer mahnt seinen Kunden ab?) |
| die Erstellung von Aufbau- und Ablauforganisation | ☹ | wird während Projektverlauf nur selten angepasst / oft zu allgemein gehalten |
| die Protokollierung von Sitzungen mit dem AG | 😐 | mangelhafter Inhalt / oft als "Übung" mit bescheidener Qualität abgehalten |
| die Erstellung von periodischen Standberichten | ☹ | fehlende Sachlichkeit / Qualität / oft nur in Form von Sitzungs-Protokollen |
| die Sicherstellung des Submissions- Bestell- und Rechnungswesens | ☺ | |
| die Erfüllung ihrer Leistungs- und Sorgfaltspflicht in Bezug auf die Einhaltung der vom AG formulierten Ziele hinsichtlich Qualität, Kosten und Termine | 😐 | Vielfach stehen wirtschaftliche Interessen im Vordergrund. Nachhaltigkeit und/oder Benutzerzufriedenheit werden oft vernachlässigt. |
| die Organisation und Leitung einer koordinierten projektbezogenen Qualitätssicherung | ☹ | z.T. kein Thema / oft nur ein dokumentiertes Lippenbekenntnis |
| die Koordination der Leistungen aller Beteiligten | 😐 | Teilweise mangelhafte Effektivität in der Planungsphase, und somit auch schwache Effizienz in der Ausführung. |
| die fachliche und administrative Leitung des Planerteams | 😐 | |
| die Zuteilung von Aufgaben im Planerteam | 😐 | Unternehmerspezifisch geregelt / personelle Neigungen und Fähigkeiten werden oft nur minimal beachtet. Teamentwicklung ist kaum ein Thema |
| die Sicherstellung des Informationsflusses und der Dokumentation, einschliesslich der Organisation des technischen und administrativen Datenaustausches | 😐 | Technischer Teil mehrheitlich gut. Allgemeiner Informationsaustausch oft schwach, z.B. nur über Protokolle, deren Qualität bescheiden ist. |

Im allgemeinen zeigt sich, dass während der Initiierungs- und Planungsphase oft fehlende Kommunikationsbereitschaft oder dürftiges Dokumentieren Gründe für schwache Ergebnisse sind. Ein weiterer allgemeiner Aspekt, welcher das Projektergebnis beeinflussen kann, ist die hohe Gewichtung von wirtschaftlichen Interessen im Zusammenhang mit der oft rauen Wettbewerbssituation. Insbesondere bei Bauwerken, welche durch Totalunternehmer (TU) realisiert werden ist dies der Fall. D.h. das Management der Planung und Ausführung des Bauwerkes liegt bei einem Unternehmer, oft sind dies Bauunternehmer. Die Kernkompetenzen dieser Unternehmung liegen jedoch vorwiegend in der Ausführung. Die entsprechend fehlenden Kompetenzen und Leistungen werden durch Subunternehmerverträge projektspezifisch (oft nur) unter wirtschaftlichen Aspekten eingekauft.

### 3.1 Projektleitung in der Baubranche

Macht, Beziehungsmacht spielt (leider) oft auch eine Rolle bei der Leitung von Bauprojekten. Daraus entsteht bei vielen Projektbeteiligten (Projektteammitglieder) wie Fachplaner, Unternehmer und Zulieferer das Verhalten „Dienst nach Vorschrift" und nicht zuletzt wird damit der Fokus auf die Wirtschaftlichkeit je Unternehmung beschränkt.

Die Anzahl von Mitarbeiter (MA), welche nach PMI oder IPMA zertifiziert sind, also MA mit spezifischem Fachwissen in der Disziplin Projektmanagement, ist in den meisten Ingenieur- und Architekturunternehmen eher bescheiden. Dies zeigt sich an den grossen Unterschieden zwischen Top-Projektführungen und äusserst schwach begleiteten Bauprojekten. Es gibt leider nicht wenige Architekten, bei denen sich das Know How auf den einfachen Einfamilienhausbau beschränkt. Die Leidtragenden in diesen Situationen sind die Auftraggeber, d.h. die Bauherrschaft. Sie hat sich mit dem Architekten an einen technischen Treuhänder gebunden und ist auf diesen angewiesen. Folgeschäden nach Ablauf der Garantie- und Rügefristen werden nicht selten durch den Bauherrn getragen.

<u>Ein gescheitertes Bauprojekt?</u>
Ein Beispiel fehlerhafter und schwacher Projektleitung resp. Projektmanagement zeigt der Bericht GPK-PUK Kanton BL „Bericht zu den Vorkommnissen rund um den Projektablauf des Um- und Erweiterungsbaus am Kantonsspital Liestal vom 18. Juni 2003". Dieser Bericht zeigt exemplarisch welche Risiken bei Bauprojekten eintreten können, wenn dem Projektmanagement zu wenig Beachtung geschenkt wird. [1]

Nachstehende Aussage spricht für sich, wenn man berücksichtigt, dass rund 70% der Architektur- und Ingenieurbüros ≤ 2 Personen beschäftigen:
„In den Einführungskursen von SIA Form zu den SIA LHO[2] 2003 wurde festgestellt, dass nur den wenigsten Teilnehmern bekannt war, was eine im eigenen Büro geleistete Arbeitsstunde kostet oder welcher Prozentsatz für Risiko und Gewinn in den früher publizierten SIA - Honoraransätzen enthalten war." [3]

Ein Berichtwesen oder anders genannt Reporting im eigentlichen Sinne fristet bei vielen Bauprojekten ein Mauerblümchendasein. I.d.R. bedient man sich der Protokolle von Bausitzungen, Besprechungen mit dem Bauherrn etc.. Auch finden häufig individuelle, nicht koordinierte Besprechungen statt. Die Normen und Regelwerke des SIA sieht diese Tätigkeit in ganzheitlicher und effektiver Form vor. Siehe Beilage 3 Berichtwesen in Bauprojekten gemäss SIA Seite 38. Das eigentliche Ziel oder die Wirkung des Berichtwesen wird oft spät oder nur teilweise erreicht. D.h. Terminüberschreitungen, Mehrkosten, Qualitätseinbusen etc. werden nicht selten lediglich anhand von Tatsachen festgestellt.

---

[1] Siehe: http://www.baselland.ch/fileadmin/baselland/files/docs/parl-lk/berichte/2003/180/2003-180_gpk-puk-ksl.pdf

[2] Leistungs- und Honorarordnung

[3] Quelle: SIA News SIA LHO 2003 als Chance.pdf

Häufig wird eine gesamthafte, übersichtliche Projektumfeldanalyse unterlassen. D.h. für viele Haustechnikingenieure und Unternehmer gilt: Bauprojekt = 1. Kosten, 2. Termin, 3. Technik anhand Kostenrahmen. Zuwenig stellen sich Planende und Unternehmer die Frage nach den grundlegenden Bedürfnissen der Bauherrschaft oder des Architekten.

Zum besseren Verständnis des folgenden Abschnittes dient dem nicht branchenkundigen Leser die Beilage 2 SIA 112 Phasenplan und Phasenziele auf Seite 37. In der Projektierungsphase wird oft relativ bescheiden kommuniziert und dokumentiert. Die Spanne zwischen implizitem und dokumentiertem Wissen ist gross. Der Grund dieser Situation liegt in der Praxis vieler Fachingenieure, dass sie ihr implizites in der Projektierungsphase erarbeitetes Wissen erst später in der Phase Ausschreibung dokumentieren. Oft tauchen diese Unterlassungssünden in der Ausführungsphase in Form von Unklarheiten wieder auf. Während der Ausschreibung stehen Fachingenieure oft unter Zeitdruck. Ihr Auftraggeber, i.d.R. der Architekt ,verfügen grundsätzlich über ein effektives Terminmanagement, mit dem die Fachingenieure relativ kurzfristig konfrontiert werden, oder letztere unterschätzen ihren Aufwand. Deshalb erleidet die Ausschreibungsphase, d.h. die Beschreibung über Inhalt und Umfang der einzelnen Arbeitspakete Qualitätseinbusen oder gar grössere Mängel. Zusammenfassend formuliert gibt es eine beachtliche Anzahl mehr oder weniger verwaister Aufgaben der Projektverantwortlichen in der Baubranche.

Von Skills, Soft Skills (Sozialkompetenz) ist in der Baubranche im Zusammenhang mit Projektleitern oder Projektmanagern oft zu wenig die Rede. Der Schwerpunkt liegt branchenspezifisch bei der Fach- und Sachkompetenz und selbstverständlich muss sich diese Person auch durchsetzen können. (....der Mann mit der Peitsche)

# 4 Definitionen

## 4.1 Die Begriffe Management und Stakeholder

In der Baubranche ist relativ wenig von Projektmanagement die Rede. Üblich sind Ausdrücke und Bezeichnungen wie Projektleitung und Projektleiter.

Was heisst Management?

> **Management** leitet sich ab von englisch *manage*, dies von italienisch *maneggiare* „an der Hand führen“, dies von lat. *manus* „Hand“; die engl. Bedeutung wurde im 17./18. Jh. durch franz. *ménagement* beeinflusst. Die etymologische Wurzel des Begriffs *Management* ist lateinisch, *manus agere*, und bedeutet „an der Hand führen“. [4]
>
> Gemäss PMBOK® Guide bedeutet Projektmanagement folgendes:
> - Identifizieren von Anforderungen.
> - Formulieren klarer und erreichbarer Ziele.
> - Ausgleichen der konkurrierenden Bedürfnisse Qualität, Zeit und Kosten.
> - Anpassen der Spezifikationen, Pläne und Vorgehensweisen an die unterschiedlichen Bedürfnisse und Erwartungen der verschiedenen Stakeholder.
> Siehe auch Beilage 9 Anforderungen an das Projektmanagement Seite 44.

**Stakeholder** ist ein Begriff der in der Baubranche kaum verwendet wird. Auf Projektmanagement übersetzt bedeutet der Ausdruck Anspruchsberechtigte oder Interessenvertreter. Somit kann Stakeholdermanagement in Bauprojekten auch folgendes bedeuten: „Die projektverantwortlichen Personen führen Anspruchsberechtigte und Interessenvertreter an der Hand“

## 4.2 Projekt, Projektmanagement und Projektleitung

Ein Projekt ist per Definition: [5]
„Ein Projekt ist ein zeitlich begrenztes Vorhaben, zur Schaffung eines einmaligen Produktes, einer Dienstleistung oder eines Ergebnisses.“

Projektmanagement heisst [6]

- Umgang mit konkurrierenden Anforderungen an Inhalt & Umfang, Zeit, Kosten, Risiko & Qualität
- Definition klarer und erreichbarer Ziele
- Umgang mit Stakeholder (Anspruchsgruppen) mit unterschiedlichen Bedenken und Erwartungen
- Identifikation und Formulierung der Bedürfnisse

Ein Projektleiter

- ist ein Leader der die richtigen Dinge tut, die Dinge richtig tun überlasst er meistens den Projektmitarbeitern.
- ist leistungsbereit und hat Freude an (je)der Herausforderung.
- verfügt über ein angemessenes Mass an Fachwissen.
- verfügt über ein hohes Mass an Sozialkompetenzen sog. Soft Skills.
- ist eine „eierlegende Wollmilchsau“, könnte auch ein Dirigent sein.

---

[4] Quelle: http://de.wikipedia.org/wiki/Management

[5] Quelle: PMBOK ® Guide Kapitel 1.2.1 Seite 5

[6] Quelle: Management Consulting Cockpit / mc2

## 4.3 Die Baubranche

Die Baubranche ihrerseits besteht aus mehreren Teilbranchen – Gewerben und Industriezweigen.

- ☐ Bauhauptgewerbe Hoch- und Tiefbau
  - Architekten
  - Ingenieure
  - Ausführende Bauunternehmer

- ☐ Baunebengewerbe
  - Elektrotechnik / Gebäudeautomation (Haustechnik)
    - Ingenieure und Fachplaner
    - Ausführende Unternehmer
  - Heizung / Lüftung / Klima (Haustechnik)
    - Ingenieure und Fachplaner
    - Ausführende Unternehmer
  - Sanitär (Haustechnik)
    - Ingenieure und Fachplaner
    - Ausführende Unternehmer
  - Verschiedenste Gewerke Ausbau (z.B. Dach/Holzbearbeitung)
    - Ingenieure und Fachplaner
    - Ausführende Unternehmer
  - Umgebung / Gestaltung
    - Ingenieure und Fachplaner
    - Ausführende Unternehmer

## 4.4 Die Struktur der gängigsten Bauprojekte

Das Projektteam eines Bauprojektes besteht i.d.R. aus Architekt(en), Ingenieuren und ausführenden Unternehmer. Alle stehen in einem Vertragsverhältnis zum Auftraggeber, dies mit Werkverträgen für die ausführenden Unternehmer und Dienstleistungsverträgen für Architekten und Ingenieure. Diese Vertragsverhältnisse stützen sich i.d.R. auf die nachfolgend erwähnten Normen und Regelwerke des SIA. Die Unterscheidung von Generalunternehmer oder Einzelleistungsträger wird in diesem Abschlussbericht nicht weiter berücksichtigt, weil die einzelnen Leistungen und Prozesse im gesamten Bauprojekt in beiden Fällen realisiert werden müssen. Ein allgemein gültiges Beispiel einer Projektorganisation ist in Beilage 1 Organigramm eines Bauprojektes Seite 36 ersichtlich.

Die Branche bezieht meistens auf den standardisierten Baukostenplan (BKP), welcher alle Gewerke und Bereiche beinhaltet. Siehe Fehler: Referenz nicht gefunden Seite Fehler: Referenz nicht gefunden. Im Kostenmanagement wird häufig die numerische Struktur verwendet. Beispielsweise erste Kostenschätzung eines Architekten wird mit BKP 2 – stufig erstellt. Dieser Plan ist auf die SIA 112 Leistungsmodell abgestimmt und wird laufend den Anforderungen der Bauwirtschaft angepasst. Übersicht der Struktur des Baukostenplans mit Beispielen ab Stufe 2 sind auch in  B Seite 39 verwendet.

Tabelle 3: Baukostenplan BKP

| 1. Stufe 0..9 | | 2. Stufe 0..9 | | 3. Stufe 0..9 | |
|---|---|---|---|---|---|
| | | *Auszug Beispiele* | | | |
| 0 | Grundstück | | | | |
| 1 | Vorbereitungen | | | | |
| 2 | Gebäude | 23 | Elektro | 231 | Starkstrominstallationen |
| | | | | 233 | Beleuchtungskörper |
| | | 24 | Heizung.. | 242 | Wärmeerzeugung |
| | | 29 | Honorare | 291 | Architekt |
| | | | | 293 | Elektroingenieur |
| 3 | Betriebseinrichtungen | | | | |
| 4 | Umgebung | | | | |
| 5 | Baunebenkosten | | | | |
| 6 | Reserve | | | | |
| 7 | Reserve | | | | |
| 8 | Reserve | | | | |
| 9 | Ausstattung | | | | |

### 4.5 Regel – und Normenwerke des SIA

Die Organisation des schweizerischen Ingenieur und Architektenvereins (SIA) ist unter http://www.sia.ch/d/verein/organisation/index.cfm ersichtlich.

Nachstehend erwähnte und aufgeführte Regel – und Normenwerke des SIA sind nur ein Teil aus dem gesamten Schaffen und Angebot des SIA. Eine Untersuchung aller Werke würde den Rahmen der vorliegenden Arbeit sprengen. ISO 9001 und 10006 beeinflussen die Projektabwicklung ebenfalls, sind aber nicht Bestandteil der vorliegenden Berichtes.

Der Umfang dieses Berichtes beschränkt sich auf die Normen- und Regelwerke des SIA gemäss Fehler: Referenz nicht gefunden und
Fehler: Referenz nicht gefunden ab Seite Fehler: Referenz nicht gefunden

### 4.6 PMBOK® Guide des PMI

Sämtliche Angaben und Inhalte beziehen sich auf die dritte Ausgabe ISBN: 1-930699-72-7 (Deutsche Taschenbuchausgabe-)

*A Guide to the Project Management Body of Knowledge (PM8OK® Guide)* Dritte Ausgabe ©2004 Project Management Institute,
Four Campus Boulevard, Newtown Square, PA 19073-3299 USA

## 5 Normen- und Regelwerke des SIA

Der SIA generiert und pflegt ein umfassendes Normen- und Regelwerk mit sehr hohem Detaillierungsgrad. Pflegen bedeutet das Erstellen und die periodische Aktualisierung. Da sich der SIA mit Bauprojekten befasst, stehen all seine Normen- und Regelwerke auch in direkter Verbindung mit der Disziplin PM. Die Normen- und Regelwerke des SIA sind anerkannte Regeln für Bauprojekte, welche von Gesetzes wegen zu beachten sind. Sie verfügen über einen hohen Aktualisierungs- und Reifegrad und stehen in direktem oder indirektem Bezug zu den EN- und ISO-Normen. Der SIA lebt im Rahmen der Normenerarbeitung und Pflege auch Wissensmanagement (Lesson Learned) und verfolgt das Ziel ganzheitlich und nachhaltig geplanter und realisierter Bauprojekte.

> Absicht und Aufgabe des SIA[7]
> Der SIA ist die im schweizer Baunormenschaffen massgebende Organisation. Er betreut zusammen mit weiteren Institutionen den Bereich der Baunormen und übernimmt zum Teil regulatorische Funktionen. Er stellt Interessierten ein konsistentes, prägnantes und mehrsprachiges Normenwerk zur Verfügung. Der SIA unterstützt Bestrebungen zur Reduzierung der Vielfalt und zur Harmonisierung („so wenig Normen wie möglich, so viel wie nötig"). Das Normenschaffen des SIA ist auf Eigenwirtschaftlichkeit ausgerichtet.

Einen wesentlichen Bestandteil bilden die vertragsrechtlichen Grundlagenwerke. Auch diese sind ganzheitlich aufgebaut und ermöglichen den Projektverantwortlichen der Individualität innovativer Bauprojekte gerecht zu werden. Ein Beispiel dafür ist ein Zitat von Jürg Gasche, Leiter Rechtsdienst beim SIA zum Thema Planung der Vertragsbeziehung: "...Auch die Gestaltung von Vertragsbeziehungen will geplant sein. Das gehört genauso zu einem guten Projekt wie kreative Ideen und deren Umsetzung..." [8]

**Tabelle 4: Übersicht allgemein gebräuchliche, häufig angewendete Werke des SIA**

| SIA | Titel | Inhaltsübersicht |
|---|---|---|
| 102, 103 und 108 | Ordnung für Leistungen und Honorare der 102 Architekten / 103 Bauingenieure / 108 Maschinen- und der Elektroingenieure sowie der Fachingenieure für Gebäudeinstallationen | umschreibt die Rechte und Pflichten der Parteien beim Abschluss und bei der Abwicklung von Verträgen über Leistungen von Ingenieuren<br>erläutert Aufgaben und Stellung des Ingenieurs<br>stellt mögliche Leistungen zusammen<br>Grundlagen zur Honorarermittlung<br>Bei den Grundlagen zur Vereinbarung der Honorierung und der anderen Vergütungen handelt es sich um Richtlinien für die Festlegung im Einzelvertrag. |

[7] Quelle: SIA Auszug aus R 76d eigene Fassung

[8] Quelle: aus dem Vorwort in der Checkliste zum Vertrag für Architekturleistungen 1002

| SIA | Titel | Inhaltsübersicht |
|---|---|---|
| 112 | Leistungsmodell | Bau – Branchenspezifischer Phasenplan beschreibt eine jeweils projektspezifische Anpassungsmöglichkeit der Leistungen der Fachplaner und Architekten.<br>beschreibt das Phasenmodell bestehend aus 6 Phasen und 12 Teilphasen im Detail und den ganzen Lebenszyklus eines Bauwerkes. Die Abfolge der Phasen erfolgt sequenziell. Die Phasen 4 "Ausschreibung" und 5 "Realisierung" erfolgen zudem überlappend.<br>Das Leistungsmodell ist für eine Anwendung im Verbund mit den Ordnungen 102, 103, 108 und 118.<br>Die Module sind als Elemente des Planungsprozesses für alle Arten von Bauvorhaben formuliert. |
| 118 | Allgemeine Bedingungen für Bauarbeiten | Allgemeines Vertragsdokument; Enthält Regeln betreffend Abschluss, Inhalt und Abwicklung von Verträgen über Bauarbeiten. |

**Tabelle 5: Auszug ergänzender Werke des SIA**

| SIA | Titel | Inhaltsübersicht |
|---|---|---|
| 1002/1 | Vertragsgestaltung Architekturleistungen | Checkliste zum Planervertrag als Ergänzung zum SIA 112 Leistungsmodell im Zusammenhang mit dem entsprechenden Vertragsformular |
| 1012/1 | Vertragsgestaltung Ingenieurleistungen | Checkliste zum Planervertrag als Ergänzung zum SIA 112 Leistungsmodell im Zusammenhang mit dem entsprechenden Vertragsformular |
| 112/1 | Empfehlung Nachhaltiges Bauen - Hochbau | Instrument zur Verständigung zwischen Auftraggeber und Planer bei speziellen Planungsprozessen mit dem definierten Ziel, Vertiefung nachhaltiger Bauprojekte. Das Dokument behandelt die Bereiche Gesellschaft, Wirtschaft und Umwelt. Dabei sollen die Kriterien im Kontext mit jenen anderer Bereiche betrachtet werden. Das Dokument leistet einen Beitrag zu umfassenden Architektur- und Planungsverständnis, welches die Forderungen der Nachhaltigkeit berücksichtigt. |
| 118/380 | Allgemeine Bedingungen für Gebäudetechnik | Spezifische Ergänzungen zur Norm 108 für Ausführungen der Gebäudetechnik. |
| 380/1 | Thermische Energie im Hochbau | Die Norm bezweckt sinnvollen und wirtschaftlichen Einsatz von Energie für Raumheizungen und Wassererwärmungen. |
| 380/4 | Elektrische Energie im Hochbau | Die Norm bezweckt rationellen Einsatz von elektrischer Energie in Bauten und Anlagen. Sie beinhaltet auch effiziente Planungswerkzeuge z.B. Beleuchtungsanlagen. |

### 5.1 SIA 108 Honorarordnung

Ordnung für Leistungen und Honorare der Maschinen- und der Elektroingenieure sowie der Fachingenieure für Gebäudeinstallationen:
Umschreibt die Rechte und Pflichten der Parteien beim Abschluss und bei der Abwicklung von Verträgen über Leistungen von Ingenieuren und regelt auch die Honorarberechnung der Ingenieure und Planer im Bereich der Gebäudetechnik.

Inhalt der SIA 108 Honorarordnung:
- Einleitung
- Art. 1 Allgemeine Vertragsbedingungen
- Art. 2 Aufgaben und Stellung des Ingenieurs
- Art. 3 Leistungen des Ingenieurs
- Art. 4 Leistungsbeschrieb der Grundleistungen aller Phasen (1 bis 6)
- Art. 5 Grundsätze der Vergütung von Ingenieurleistungen
- Art. 6 Honorarberechnung nach dem effektiven Zeitaufwand
- Art. 7 Honorarberechnung nach den Baukosten
- Art. 8 MSRL[9] - Technik

### 5.2 SIA 112 Leistungsmodell

In der Einleitung Seite 3 steht u.a. "Neue Marktbedürfnisse" & "Leitgedanken". Hier werden die Leistungen der Architekten / Ingenieure in einem Phasenplan über den gesamten Lebenszyklus von der Idee bis zur Nutzung eines Bauprojektes beschrieben. Mit diesem Phasenmodell besteht, wenn konsequent angewendet, die Möglichkeit, ein Bauvorhaben ohne grössere Überraschungen abzuwickeln.

Speziell zu erwähnen ist die Empfehlung SIA 112/1 Nachhaltiges Bauen. Diese stellt eine Ergänzung zum Leistungsmodell SIA 112 dar. Diese Empfehlung umschreibt mögliche Zielvereinbarungen zu den Themenbereichen Gesellschaft, Wirtschaft und Umwelt.

[9] Messen- Steuer- Regel- und Leittechnik. Branchenübliche Abkürzung

### 5.3 SIA Norm 118 Allgemeine Bedingungen für Bauarbeiten / Ausführungen

Sie ist in Form von Gesetzesartikeln verfasst, und umschreibt die Pflichten und Rechte zweier Vertragsparteien während der Bauausführung. Sie kann für alle Leistungen der Bauausführung, d.h. der Beschaffung, verwendet werden. Es dient, bedingt durch ihre Form, nicht als Nachschlagewerk z.B. für die Terminüberwachung während der Bauausführung.

Inhalt:
- Art. 1 – 37 Werkvertrag allgemein
- Art. 38 – 83 Vergütung Unternehmerleistungen
- Art. 84 – 91 Bestellungsänderung
- Art. 92 –140 Bauausführung
- Art. 141–156 Ausmass, Abschlagszahlungen Sicherheitsleistungen & Schlussabrechnung
- Art. 157 – 182 Abnahme des Werkes und Haftung für Mängel
- Art. 183 – 190 vorzeitige Beendigung des Werkvertrages und Zahlungsverzug des Bauherrn

> Inhalt und Zweck der SIA Norm 118 [10]
>
> Die Norm enthält Regeln betreffend Abschluss, Inhalt und Abwicklung von Verträgen über Bauarbeiten. Damit stehen ausführende Unternehmer wie z.B. Baumeister und Dachdecker in einem rechtsgültigen Vertragsverhältnis zum Auftraggeber - Bauherrn meistens mit dem Architekten als Bauherrenvertreter. Ein gesamtes Vertragsdokument welches neben Lastenheft und Leistungsverzeichnis auch technische Plandokumente enthalten kann, bildet den Werkvertrag. Sie klärt die in diesen Verträgen gebräuchlichen Begriffe, bietet eine Übersicht über die einschlägigen Rechtsfragen und zeigt, gestützt auf praktische Erfahrung, wie diese in angemessener Berücksichtigung der beidseitigen Interessen gelöst werden können. Soweit die Norm Rechte und Pflichten der Vertragspartner umschreibt, wird sie dadurch rechtsverbindlich, dass die Partner sie als Bestandteil ihres Vertrages bezeichnen. Regeln, die schon von Gesetzes wegen gelten, sind in der Norm durch Hinweise auf die anzuwendenden Gesetzesbestimmungen gekennzeichnet.
>
> Die Norm soll den Abschluss und die Gestaltung der Verträge erleichtern. Auch soll sie bewirken, dass im Bauwesen möglichst einheitliche Vertragsbedingungen verwendet werden. Dadurch trägt sie zur Förderung des wirtschaftlichen Bauens bei.
>
> Die Norm ist für alle Bauarbeiten anwendbar. Technische Bestimmungen für die Ausführung der Bauwerke werden durch Normen der Fachverbände festgelegt.

Die Norm SIA 118 ist ein geeignetes und bewährtes Instrument im Beschaffungsmanagement. Auch beim Jahrhundertbauwerk des NEAT-Tunnels beispielsweise hat sich diese Norm bestens als allgemeine Vertragsbedingungen eignet. Das bewährte Gleichgewicht zwischen Bauherren- und Unternehmerinteressen bildet ein Schwergewicht der SIA Norm 118.

Die Integration obiger Normenwerke in die gesamte Struktur eines Bauprojektes ist in B Seite 39 ersichtlich.

Swiss Energycodes ist ein Programm des SIA zur Qualitätssicherung und Weiterentwicklung des SIA – Normenwerkes im Bereich der Haustechnik und Energie.
Siehe auch http://www.energycodes.ch

[10] Quelle SIA Norm 118

# 6 PMBOK® Guide

Der **Guide to the Project Management Body of Knowledge (PMBOK® Guide)**[11] ist der international am weitesten verbreitete Projektmanagement-Standard und zentrale Referenz des US-amerikanischen Project Management Institute (PMI), von dem er auch herausgegeben und unterhalten wird.

In der Einführung bezeichnet sich das Werk, als „Zusammenfassung des Wissens der Fachrichtung Projektmanagement". Gemeint ist das Wissen über die Vorgehensweisen, die weithin als bewährte Praxis (PMBOK: „best practice") anerkannt werden. Die beschriebenen Methoden sind auf Projekte aus verschiedenen Anwendungsbereichen anwendbar, dazu gehören u. a. **Bauwesen**, Software-Entwicklung, Maschinenbau und Automobilindustrie.

PMBOK® Guide ist prozessorientiert, d. h. er verwendet ein Modell, nach dem Arbeit durch Prozesse erledigt wird. Ein Projekt wird durch das Zusammenspiel vieler Prozesse durchgeführt. Anhand der Prozesse strukturiert PMBOK® Guide das gesammelte Methodenwissen. Für jeden Prozess werden Input, Output und Werkzeuge und Verfahren beschrieben.

Das American National Standards Institute (ANSI) und das Institute of Electrical and Electronics Engineers (IEEE) erkennen PMBOK® Guide als Standard an. PMBOK® Guide wurde neben Englisch in elf Sprachen übersetzt.

PMBOK® Guide ist die Basis für die Zertifizierungsprüfung zum Project Management Professional (PMP) und für die Eingangslevel-Zertifizierung Certified Associate in Project Management (CAPM).

## 6.1 Die Struktur des PMBOK® Guide

| | |
|---|---|
| Abschnitt I | Der Projektmanagementrahmen mit einer allgemeinen Einführung in Struktur des Buches und in Projektorganisation und -Lebenszyklus<br>Seiten 1 – 34 |
| Abschnitt II | Der Standard für das Projektmanagement eines Projekts<br>Seiten 35 – 70 |
| Abschnitt III | Die Wissensgebiete im Projektmanagement bilden den Schwerpunkt des PMBOK® Guide. Jeweils ein Kapitel widmet sich einem Wissensgebiet.<br>Seiten 71 – 297 |

Einleitend umschreibt PMBOK® Guide im Abschnitt I die fünf Management – Fachgebiete, welche für ein erfolgreiches Projektmanagementteam erforderlich sind. Siehe auch Beilage 8 Erforderliche Fachgebiete für das Projektmanagementteam Seite 43
Es sind dies:

- Project Management Body of Knowledge d.h. Grundlagen des PM
- Wissen Normen und Vorschriften des Anwendungsbereiches
- Kenntnis der Projektumgebung
- Wissen und Fertigkeiten bezüglich allgemeinem Management
- Zwischenmenschlichen Fertigkeiten

Die drei Hauptdokumente einer Projektführung gemäss PMBOK® Guide bilden der Projektauftrag, die Beschreibung des Projektinhalts und Umfang und der Projektmanagementplan. Siehe dazu Beilage 7 Die drei Hauptdokumente des PMBOK® Guide Seite 42. Die Sichtweise ist den jeweiligen projektspezifischen Wissensgebieten zugeordnet. Siehe 6.3 Wissengebiete. Beispielsweise beim Personalmanagement der Prozess „Personalbedarfsplanung", nächster Pro-

[11] Quelle: www.wikipedia.org Eigene Darstellung und Ergänzungen

zess „Zusammenstellung des Projektteams“, dann der Prozess „Entwicklung des Projektteams“ und als letzter in diesem Wissensgebiet „leiten des Projektteams“.

### 6.2 Prozessgruppen

Im PMBOK® Guide wird umschrieben, dass viele Prozesse im Projektmanagement iterativ[12] sind, weil eine fortschreitende Ausarbeitung innerhalb des Projekts existiert und damit notwendig wird. Das Konzept das der Interaktion zwischen den PM-Prozessen zugrunde liegt ist der Zyklus gemäss nachstehender Abbildung 2. Die Ergebnisse dieses Zyklus verbinden einzelne Prozesse. Ein Ergebnis wird zum Eingangswert des nächsten. Es werden insgesamt 44 Prozesse definiert, die in die nachstehend umschriebenen fünf Prozessgruppen eingeordnet werden. Eine Übersicht aller Prozesse ist in Beilage 5 Übersicht PMBOK® Guide Seite 40. Diese Matrix ordnet jeden Prozess einer Prozessgruppe und einem Wissensgebiet zu. Dabei wurde für jeden Prozess die Prozessgruppe gewählt, in welcher der größte Teil der Aktivitäten des Prozesses stattfindet.

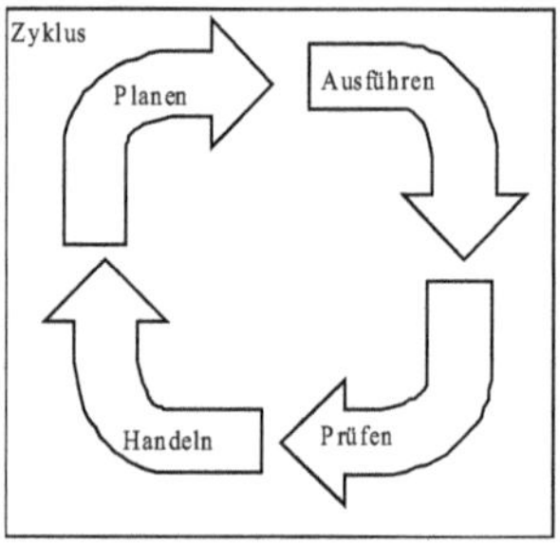


**Abbildung 2 Zyklus plan-do-check-act**

#### 6.2.1 Initiierung

Prozesse zur formalen Autorisierung des Projekts. Ergebnisse sind der Projektauftrag (Beauftragung des Projektleiters) und das vorläufige Scope Statement[13] .

#### 6.2.2 Planung

Festlegung des Projekt-Umfangs (Ergebnis: Scope Statement) und Festlegung, wie in den einzelnen Wissensgebieten geplant wird (Ergebnis Projektmanagementplan als „Meta-Plan“), dazu Durchführung der Planung (Ergebnisse: Projektstrukturplan, Terminplan, Kostenplan, Beschaffungsplan, Risikoplan, ...).

#### 6.2.3 Ausführung

Sicherstellen dass die Aktivitäten ausgeführt werden, wie sie geplant wurden. Wichtigstes Ergebnis ist natürlich der eigentliche Liefergegenstand des Projekts. Auch Prozesse wie Qualitätssicherung, Projektteam aufbauen und Anbieter auswählen zählen zu dieser Prozessgruppe.

#### 6.2.4 Überwachung und Steuerung

Die zugehörigen Prozesse sammeln und bewerten der Informationen zur Projekt-Performance entsprechend der Planung im Projektmanagementplan. Auch Risiko-Überwachung gehört zu dieser Prozessgruppe. Wichtige Ergebnisse sind Vorschläge für Korrekturmaßnahmen oder vorbeugende Maßnahmen. Die Prozessinteraktion dieser Projektmanagementprozessgruppe ist in Beilage 10 Beispiel Prozessablaufdiagramm aus PMBOK® Guide Seite 45 dargestellt.

Der Prozess „Integrierte Änderungssteuerung“ beispielsweise regelt die Abwicklung von Änderungsanträgen (Change Requests, CRs).

#### 6.2.5 Abschluss

Die beiden Prozesse dieser Gruppe sind Vertragsbeendigung (besonders Verträge mit Kunden und Lieferanten) und Projektabschluss (dabei wird der Projektauftrag als geschlossen erklärt).

[12] wiederholend

[13] Beschreibung Aufgabenbereich / Umfang

### 6.3 Wissengebiete

Die verwendeten Werkzeuge und Methoden zu den Prozessen ist in der eilage 6 Zusammenfassung von Werkzeuge & Methoden Seite 41 dargestellt. Die Wissensgebiete, denen die Einzelprozesse aus den Prozessgruppen jeweils eindeutig zugeordnet sind, heißen:

#### 6.3.1 Integrationsmanagement Seiten 77 - 102

Das Wissensgebiet Integrationsmanagement in Projekten umfasst die Prozesse und Vorgänge, die benötigt werden, um die verschiedenen Prozesse und Projektmanagementvorgänge in den Projektmanagementprozessgruppen zu identifizieren, zu definieren, zu kombinieren, zu vereinheitlichen und zu koordinieren. Im Projektmanagementkontext umfasst Integration Merkmale der Vereinheitlichung, Konsolidierung und Gliederung sowie integrative Aktionen, die entscheidend sind für den Abschluss von Projekten, die erfolgreiche Erfüllung der Anforderungen von Kunden und anderer Stakeholder und den Umgang mit Erwartungen.

#### 6.3.2 Inhalts- und Umfangsmanagement Seiten 103 - 122

Das Inhalts- und Umfangsmanagement in Projekten beinhaltet die erforderlichen Prozesse, um sicherstellen, dass das Projekt alle erforderlichen Arbeiten, aber auch nur diese, umfasst, um es erfolgreich zu beenden. Hierbei geht es vorrangig um die Definition und Steuerung dessen, was im Projekt eingeschlossen ist und was nicht.

#### 6.3.3 Terminmanagement Seiten 123 - 156

Zielt auf die Einhaltung des Zeitrahmens und sollte alle beteiligten Zielgruppen einbinden. Der Projektplan dient dabei v.a. auch als Kommunikationsmedium.

#### 6.3.4 Kostenmanagement Seiten 157 - 178

Zielt auf Budgeteinhaltung. Hierfür wird die Kostenplanung erstellt und der Kostenverlauf ist zu erfassen. Gegebenenfalls sind Gegenmaßnahmen einzuleiten. Nachstehendes Beispiel aus der Baubranche möchte ich erwähnen:
Parametrische Schätzung [14]
„.... Diese Modelle können einfach (z. B. kostet der Bau von Wohnhäusern einen bestimmten Betrag pro Quadratmeter Wohnfläche) oder komplex aufgebaut sein (z. B. verwendet ein Modell für Softwareentwicklungskosten ...“

#### 6.3.5 Qualitätsmanagement Seiten 179 - 198

Erfordert Standardisierung von PM-Prozessen, Dokumentation der Arbeiten und Ergebnisse, sowie ein geeignetes Maßnahmenmanagement

#### 6.3.6 Personalmanagement Seiten 199 - 220

Personalmanagement in Projekten umfasst die Prozesse, die das Projektteam organisieren und managen. Das Projektteam besteht aus den Mitarbeitern, die zugewiesene Rollen und Verantwortlichkeiten haben, um das Projekt fertig stellen zu können.

[14] Quelle: PMBOK® Guide Kapitel 7 Kostenmanagement Seite 169

6.3.7 Kommunikationsmanagement 221 - 236

Kommunikationsmanagement in Projekten ist das Wissensgebiet, in dem die Prozesse angewendet werden, die für das rechtzeitige und sachgerechte Erzeugen, Sammeln, Verteilen, Speichern, Abrufen und Verwenden von Projektinformationen notwendig sind. Stakeholdermanagement ist im PMBOK® Guide ein wichtiges Thema, und somit ein Prozess in diesem Wissensgebiet.

6.3.8 Risikomanagement Seiten 237 - 268

Risikomanagement in Projekten umfasst die Prozesse bezüglich der Durchführung der Risikomanagementplanung, Identifizierung, Analyse, Maßnahmen sowie Überwachung und Steuerung bei einem Projekt; die meisten dieser Prozesse werden im Verlauf des Projekts aktualisiert. Ziele des Risikomanagements in Projekten sind die Steigerung der Wahrscheinlichkeit und der Auswirkungen positiver Ereignisse sowie die Verringerung der Wahrscheinlichkeit und der Auswirkungen von Ereignissen, die für das Projekt ungünstig sind.

6.3.9 Beschaffungsmanagement Seiten 269 - 297

Beschaffungsmanagement in Projekten beinhaltet die Prozesse für den Kauf oder Erwerb der Produkte, Dienstleistungen und Ergebnisse, die von außerhalb des Projektteams für die Durchführung der Arbeit benötigt werden. Beschaffungsmanagement in Projekten umfasst das Vertragsmanagement und die Prozesse zur Änderungssteuerung, die zum Managen der von autorisierten Projektteammitgliedern ausgegebenen Verträge oder Bestellungen erforderlich sind. Beschaffungsmanagement in Projekten umfasst außerdem die Verwaltung aller Verträge, die von einer externen Organisation (dem Käufer) ausgegeben wurden, der das Projekt von der Trägerorganisation (dem Verkäufer) erwirbt, sowie die Verwaltung vertraglicher Verpflichtungen, die dem Projektteam durch den Vertrag auferlegt werden.

PMBOK® Guide ist prozessorientiert und kann als „Zusammenfassung des Wissens der Disziplin Projektmanagement" bezeichnet werden. Es wird ein Modell verwendet, nach dem Arbeit durch Prozesse erledigt wird. Anhand der Prozesse strukturiert das PMBOK® Guide das gesammelte Methodenwissen. PMBOK® Guide umschreibt jeden Prozess detailliert mit Eingangswerten, Werkzeuge und Methoden und den Ausgangswerten.

Die beschriebenen Methoden sind auf Projekte aus verschiedenen Anwendungsbereichen anwendbar, dazu gehören u. a. Bauwesen, Software-Entwicklung, Maschinenbau und Automobilindustrie. Somit ist das Literaturwerk PMBOK® Guide **branchenunabhängig**

# 7 Gegenüberstellung der beiden Werke

## 7.1 Allgemeine Gegenüberstellung

Auszug aus „Leitgedanken aus Erläuterungen zum SIA 112 Leistungsmodell“ [15]

> **Ganzheitliche Erfassung des Lebenszyklus eines Bauwerks**
> Das Leistungsmodell umfasst Planerleistungen für ein Bauwerk, von der ersten Idee über die Projektierung und Ausführung bis zum Betrieb und der Erhaltung. Die Gliederung des Lebenszyklus in Phasen und Teilphasen richtet sich nach dem Leistungs- und Entscheidungsbedarf des Auftraggebers.
>
> **Berücksichtigung der Postulate des Umweltschutzes und der Nachhaltigkeit**
> Das Leistungsmodell eröffnet mit seiner flexiblen Struktur die Möglichkeit, die Postulate des Umweltschutzes und der Nachhaltigkeit jeweils in einer den gegebenen Verhältnissen optimal angepassten Weise einzubringen. Schwergewichtig soll dies bei der Abklärung der standortbezogenen Rahmenbedingungen in der Teilphase 21 (Projektdefinition, Machbarkeitsstudie) und bei der Erarbeitung der Konzepte in der Teilphase 31 (Vorprojekt) geschehen.
>
> **Anforderungsorientierte, integrale Leistungsbeschreibungen**
> Ausgehend von klar formulierten Zielen sind die Leistungsbeschreibungen projektbezogen zu definieren und zu vereinbaren. Die Planerleistungen sind als zusammenhängende, ineinandergreifende Prozesse zu beschreiben.
>
> **Klare Auftragsverhältnisse**
> Das Leistungsmodell ist ein Instrument zur Verständigung zwischen Auftraggeber und Planerteam bei der Bestellung und Erbringung von Planerleistungen. Dem Auftraggeber steht nur ein verantwortlicher Vertragspartner gegenüber. Ein Gesamtleiter führt das Planerteam.

Auszug aus Kapitel 1.1 Ziel des PMBOK® Guide[16]

> Im PMBOK® Guide soll vor allem der Teil des Project Management Body of Knowledge identifiziert werden, der allgemein als bewährte Praxis anerkannt wird. „Identifizieren“ bedeutet, dass ein allgemeiner Überblick geschaffen wird, im Gegensatz zu einer ausführlichen Beschreibung. „Allgemein anerkannt“ bedeutet, dass das beschriebene Wissen und die beschriebenen Praktiken bei den meisten Projekten fast immer zutreffen, und dass ein allgemeiner Konsens über ihren Wert und Nutzen besteht. „Bewährte Praxis“ bedeutet, dass eine allgemeine Zustimmung über die korrekte Anwendung dieser Fertigkeiten, Werkzeuge und Methoden zum Erfolg über eine Vielzahl verschiedener Projekte hinweg besteht. Bewährte Praxis bedeutet nicht, dass das beschriebene Wissen stets in gleicher Weise auf alle Projekte angewendet werden soll; **das Projektmanagementteam ist für die Festlegung der jeweils angemessenen Vorgehensweise beim einzelnen Projekt verantwortlich.**
> PMBOK® Guide enthält und fördert außerdem ein allgemeines Lexikon zur Diskussion, schriftlichen Festlegung und Anwendung des Projektmanagements. Ein Standardlexikon dieser Art ist grundlegender Bestandteil einer Disziplin.

Das Errichten eines Gebäudes oder einer Anlage ist per Definition nach PMBOK® Guide Kapitel 1.2.2. & 1.2.3 ein Projekt.

[15] Quelle: SIA 112 Seite 3

[16] Quelle: PMBOK® Guide Seite 3 (*zufällig auch Seite 3*)

**Tabelle 6: Die wesentlichen Unterschiede**

| Element | Normen- & Regelwerke des SIA | PMBOK® Guide |
|---|---|---|
| Herausgebende Organisation | Schweizerischer Ingenieur und Architektenverein SIA<br>www.sia.ch | Project Management Institute (PMI)<br>www.pmi.org<br>www.pmi-switzerland.ch |
| Aufbau | Nach Projektphasen | Prozessorientiert |
| Art der Projekte | Bauprojekte | unabhängig von Branchen und Projektart |
| Inhalt | Rechtliche und technische Normen / Empfehlungen / Definition von Leistungen / Baurecht /<br>PM spezifisch „**was** zu tun ist“ | Standard zur Wissensvermittlung einer Disziplin.<br>Methoden / Wissensgebiete /<br>„**wie** etwas zu tun ist“ |
| Verbreitung | National | International |

Allgemeiner Hinweis zur Gegenüberstellung:
Nachstehende Abschnitte dieses Berichtes beziehen sich immer wieder auf die Phasen gemäss Leistungsmodell. Zum besseren Verständnis dazu dient Beilage 2 SIA 112 Phasenplan und Phasenziele Seite 37, sowie nachstehende Tabelle.

**Tabelle 7: Auszug / Beispiel aus SIA 112 Leistungsmodell**

## 3 Projektierung

### 31 Vorprojekt

Grundlagen: Projektpflichtenheft, Machbarkeitstudie, Projektierungsgrundlagen, evtl. Resultat eines Auswahlverfahrens

**Ziel: Konzeption und Wirtschaftlichkeit optimiert**

| Leistungs-Bereiche | Erwartete Ergebnisse / Dokumente | Leistungen und Entscheide des Auftraggebers | Leistungen der Planer resp. Fachingenieur: mögliche Modulinhalte |
|---|---|---|---|
| 311 Organisation | Organisation des Planerteams f. Phase 3, Aufgabenbeschrieb, PQM- und Informationskonzept | Genehmigung der Projektorganisation sowie des PQM- und Informationskonzeptes<br><br>Analysieren der Projekt-Risiken und Festlegen der QS-Schwerpunkte | 311.1 Gesamtleitung<br><br>Aufbau und Implementierung PQM |
| 312 Beschrieb und Visualisierung | Vervollständigte Projektgrundlagen | Aufarbeitung und ... | 312.1 Projektgrundlagen<br><br>Beschaffen und ... |

Jede der insgesamt 12 Teilphasen ist gemäss obiger Überschriftzeile (grauer Bereich) strukturiert.

### 7.2 Phasen – Prozessorientierung

Nachstehende Tabelle ergibt eine Gesamtübersicht aus dem Phasenmodell eines Bauprojektes gemäss SIA 112 Leistungsmodell.

**Tabelle 8: Zuordnung der Leistungsbereiche zum Phasenplan SIA 112 Leistungsmodell**

| Leitungsbereiche | Phase 1 → Strategische Planung | Phase 2 → Vorstudien | Phase 3 → Projektierung | Phase 4 → Ausschreibung | Phase 5 → Realisierung | Phase 6 → Bewirtschaftung |
|---|---|---|---|---|---|---|
| Organisation | Gesamtleitung mit 16 phasenunabhängigen Leistungspositionen. | | | | | |
| | - | 5 | 4 | 3 | 5 | 4 |
| Beschrieb und Visualisierung | 5 | 9 | 17 | 3 | 17 | 5 |
| Kosten / Finanzierung | 1 | 3 | 4 | 2 | 7 | 3 |
| Termine | 1 | 2 | 3 | 1 | 4 | 2 |
| Administration | 1 | 2 | 4 | 3 | 5 | 3 |
| Phasenabschluss | 1 | 1 | 1 Go/No Go | 1 Go/No Go | 1 | - |

Die Zahlen beziehen sich auf Anzahl möglicher Modulinhalte als Leistung des Planers – Projektleiters (Ingenieur / Architekt)

In Tabelle 8 ist deutlich die klare phasenorientierte Struktur anhand Leistungsbereich Phasenabschluss ersichtlich. Aus dem Leistungsbereich „Administration“ kann eine relativ hohe Gewichtung der Leistungen in Fach- und Sachkompetenzen bei Bauprojekten interpretiert werden. Administrative Aufgaben werden jedoch erfahrungsgemäss oft als „notwendiges Übel“ an das Backoffice / Projektbüro delegiert. Im Leistungsbereich Administration des SIA 112 Leistungsmodell ist u.a. die Projektdokumentation enthalten. Der Leistungsbereich „Beschrieb und Visualisierung“ enthält deutlich den grössten Inhalt. Die beschriebenen Leistungen und Modulinhalte bilden die eigentlichen Prozesse.

**Tabelle 9: Zuordnung der Wissensgebiete zu den Projektmanagementprozessgruppen**

| | Projektmanagementprozessgruppen | | | | |
|---|---|---|---|---|---|
| **Wissens-gebiete** | Initiierung | Planung | Ausführung | Überwa-chung-& Steuerung | Abschluss |
| Integration | 2 Prozesse | 1 Prozess | 1 Prozess | 2 Prozesse | 1 Prozess |
| Inhalts- & Umfang | | 3 Prozesse | | 2 Prozesse | |
| Termin | | 5 Prozesse | | 1 Prozess | |
| Kosten | | 2 Prozesse | | 1 Prozess | |
| Qualität | | 1 Prozess | 1 Prozess | 1 Prozess | |
| Personal | | 1 Prozess | 2 Prozesse | 1 Prozess | |
| Kommunikati-on | | 1 Prozess | 1 Prozess | 2 Prozesse | |
| Risiko | | 5 Prozesse | | 1 Prozess | |
| Beschaffung | | 2 Prozesse | 2 Prozesse | 1 Prozess | 1 Prozess |

Detaillierte Angaben einzelner Inhalte siehe Beilage 5 Übersicht PMBOK® Seite 40

Bei der Gegenüberstellung der Phasen- Prozessorientierung in Tabelle 8 und Tabelle 9 ist ersichtlich, dass PMBOK® Guide neben der Planung und Ausführung – Realisierung noch die Prozessgruppe Steuerung & Überwachung enthält. In den Normen- und Regelwerken des SIA sind diese Prozesse in der Gesamtleitung als phasenunabhängige Leistungen enthalten. Weiter fällt auf, dass in Tabelle 9 PMBOK® Guide die grösste Anzahl Prozesse der Planung zugeordnet sind, während dies gemäss Tabelle 8 beim SIA 112 Leistungsmodel in Phase 3 Projektierung der Fall ist, somit eine Übereinstimmung der beiden Literaturwerke.

Die nachfolgende Tabelle 10 zeigt im einem ersten Teil die Prozessgruppen und im zweiten Teil die Wissensgebiete im Kontext eines Bauprojektes, und somit zum Phasenplan gemäss SIA 112 Leistungsmodell.

**Tabelle 10: PMBOK® Guide und Phasen eines Bauprojektes**

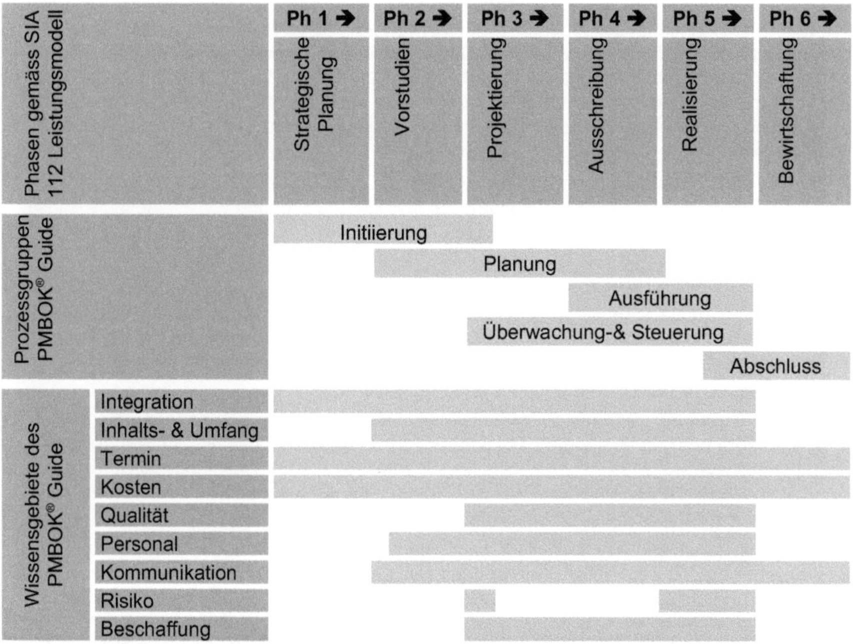


### 7.2.1 Prozessgruppen des PMBOK® Guide im Kontext zum Phasenplan des SIA

Die Prozessgruppe Initiierung überschneidet die Prozessgruppe Planung, weil mit dem Fortschreiten des Bauprojektes neue Teilprojekte wie z.B. die Haustechnik oft erst ab Phase 3 integriert werden. Somit beginnt für den Architekten bereits im Planungsprozess die Beschaffung von weiteren Leistungen wie z.B. Bauingenieur für die Erstellung von statischen Berechnungen. Dazu dienen die SIA 103 bis 108 und das Leistungsmodell 112 als Grundlagen. Die Prozesse der Planung werden mit der Erstellung und Ausarbeitung diverser Detail - Ausführungsunterlagen abgeschlossen. Die Prozesse der Ausführung starten mit den Ausschreibungen, welche durch den Architekten und die verschiedenen Fachingenieure aufgrund ihrer Planungsdokumente erstellt werden. Den Abschluss der Planungsprozessgruppe erfolgt durch den ausführenden Unternehmer, z.B. dem Baumeister, aufgrund der Planungsdokumente der Ingenieure und des Architekten. Die ausführenden Unternehmer wie z.B. Baumeister, Zimmerleute oder Elektroinstallateur erstellen anhand koordinierter Planungsdokumente das Bauwerk. Die Abschlussprozesse beinhalten u.a. die Abnahmen gemäss SIA Norm 118 Art 157, oder nach Ablauf der Garantiefrist die Schlussabnahme gemäss Art. 177 der selben Norm. Siehe eilage 4 Abnahmeprotokoll gemäss SIA 118 Allgemeine Bauarbeiten Seite 39

### 7.2.2 Wissensgebiete des PMBOK® Guide im Kontext zum Phasenplan des SIA

Integrationsmanagement beinhaltet nach PMBOK® Guide sieben Prozesse. Die Norm SIA 112 Leistungsmodell startet in diesem Wissensgebiet mit der Bedürfnisformulierung in Phase 1 und endet mit der dokumentierten Übergabe und Ingebrauchnahme durch den Benutzer. Änderungsmanagement für den ausführenden Unternehmer ist in den Art. 84 bis 91 der SIA 118 Allgemeine Bedingungen für Bauarbeiten festgehalten. Das Steuern und Überwachen von Inhalt und Umfang bezieht sich im Wesentlichen auf die Formulierungen gemäss SIA 112 Leistungsmodell aus den Phasen 3 & 4. Mit dem Erstellen der Ausschreibungen für die Evaluation ausführender Unternehmer ist der Prozess „Definition von Inhalt und Umfang“ abgeschlossen. Während der Ausführungsphase wird diese Definition laufend überwacht. Zu Termine und Kosten finden bereits in der Phase 1 erste Schätzungen statt, dies im Zusammenhang mit verschiedenen Lösungsansätzen und Varianten. Abschliessend werden Termine und Kosten in der Phase 6 im Zusammenhang mit dem Aufrechterhalten der Gebrauchstauglichkeit und Wert des Bauwerks behandelt.

Integrierte Änderungssteuerung im PMBOK® Guide, ein zentraler Prozess der Gruppe Überwachung und Steuerung, wird auch in der Norm SIA 108 Honorarordnung von Phase 3 bis Phase 5 klar thematisiert.

Qualitätsmanagement ist den Phasen 3 und 5 als „Aufbau und Implementierung PQM“ enthalten. Qualitätsprüfungen werden in der Phase 5 vorgesehen. Als Grundleistung in der SIA 108 Honorarordnung steht die Umsetzung der PQM-Massnahmen. Die Gesamtleitung, z.B. Mandat eines Architekten, beinhaltet nach SIA 112 Leistungsmodell die Sicherstellung der Erfüllung formulierter Ziele hinsichtlich Qualität, Kosten und Terminen sowie die Organisation und Leitung einer koordinierten projektbezogenen Qualitätssicherung.

Personalplanung wird in der Phase 2 gestartet: „Verzeichnis von geeigneten Personen im Beurteilungsgremium und von geeigneten Teilnehmern“ als erwartetes Dokument im Rahmen der Projektorganisation während dieser Phase. Der Ausdruck „Personal“ steht lediglich in Phase 5 unter „Organisieren der Ausbildung des Betriebspersonals“ für die Ingebrauchnahme des Bauwerkes, resp. Bauwerksteile.

Beim Gesamtleitungsmandat bilden die Kommunikation mit dem Auftraggeber und Dritten sowie die Sicherstellung des Informationsflusses u.a. zentrale, verlangte Leistungen wie z.B. die eines Architekten. In der Phase 3 wird im Leistungsbereich Organisation ein Informationskonzept erstellt und in der Phase 5 erfolgt die Aufbereitung von Informationen. Weiter ist in der Phase 6 folgendes mögliches Leistungsmodul aufgeführt: "Organisieren der Versorgung (Energie, Kommunikationsmittel usw.)“. Eine Zusammenfassung der Leistungen bezüglich Kommunikation ist in Beilage 3 Berichtwesen in Bauprojekten Seite 38 ersichtlich.

Risikomanagement wird in Phase 3 anhand einer Analyse und in Phase 5 anhand der Bewertung und Analyse von Projektrisiken behandelt.

Beschaffungsmanagement bildet mit den Phase 4 & 5 ein zentrales Thema in den Normen- und Regelwerken des SIA. Mit der Norm SIA 118 Allgemeine Bedingungen für Bauarbeiten wird das Vertragsverhältnis der ausführenden Unternehmer mittels Werkverträgen geregelt. Die Tätigkeiten der Ingenieure während Phase 4 bilden die Vorbereitung und Grundlage für den Werkvertragsinhalt, resp. das Lastenheft.

Die in Phase 3 beschriebenen Leistungen wie z.B. „Mitwirken an Informationsanlässen“, „Mitwirkung bei der Behandlung von Einsprachen...“ sind Teile aus den Wissensgebieten Stakeholder- und Kommunikationsmanagements gemäss PMBOK® Guide. Kommunikation ist in Form von Rapportierung im Leistungsbereich Kosten und u.a. auch durch die Protokollierung im Leistungsbereich Administration enthalten. Es sind keine Methoden des PMBOK® Guide wie z.B. Netzplantechnik, parametrische Schätzung in den Normen und Regelwerken des SIA, welche in diesem Bericht berücksichtigten worden sind, vorhanden.

Die Gesamtleitung eines Bauprojektes ist in den Allgemeinen Vertragsbedingungen (AVB) zwischen Auftraggeber und einem Architekten oder Fachingenieur als phasenunabhängige Leistungen definiert. Siehe dazu linke Spalte aus Seite 9. Diese AVB sind in den Normen- und Regelwerken der SIA102, 103, 108 und 112 umschrieben.

### 7.3 PMBOK® Guide im Kontext zu Bauprojekten

Es gehört zur Tätigkeit von Ingenieuren und Architekten, Bauprojekte zu strukturieren, Aufbauorganisationen und Ressourcen zu koordinieren und Ablauforganisationen zu dokumentieren und zu überwachen. Erfolgreiches Management von Bauprojekten bedeutet (bedingt), die relevanten fachspezifischen Normen und Vorschriften zu kennen, Abläufe, Terminpläne, Organisation, Kosten- Beschaffungs- Risiko- und Qualitätsmanagement sowie die Kommunikation wenn möglich im Sinne des Auftraggebers wirkungsvoll (an der Hand) zu führen. Entsprechend gilt es über alle gleichzeitig aktiven Projekte innerhalb der Unternehmung den Überblick zu haben und über die entsprechenden Ressourcen zu verfügen.

### 7.4 Die neun Wissensgebiete des PMBOK® Guide im Kontext zu Bauprojekten

#### 7.4.1 Integrationsmanagement

Bei Bauprojekten ist Integration oft nur als Änderungsmanagement ein Thema. Der Projektmanagementplan allerdings wird weder als zusammenfassendes, zentrales Dokument noch als Übersicht erstellt. Der Ausdruck Projektmanagementplan erscheint 241 mal im PMBOK® Guide. SIA 112 Leistungsmodell enthält lediglich eine „Projektdokumentation". Ein Punkt, in dem die beiden Literaturwerke des SIA und des PMI übereinstimmen. Erfahrungen zeigen, dass sich diese Projektdokumentation i.d.R. auf den bautechnischen Bereich beschränkt. D.h. sie enthält selten einen Projektstrukturplan (PSP), einen Kommunikationsplan oder mind. einen Sitzungsrasterplan, ein Risikoregister oder ein speifisches PQM – Konzept. Die Dokumente Kostenüberwachung und Terminpläne werden als autonome Dokumente, und oft nur „für einen speziellen Personenkreis", geführt.
Ein weiteres Thema in diesem Wissensgebiet ist die Projektkategorie. SIA Honorarordnungen unterscheidet den Schwierigkeitsgrad im Zusammenhang mit den Anforderungen an den Ingenieure. Entsprechend wird der ermittelte Schwierigkeitsgrad bei der Honorarberechnung berücksichtigt.

#### 7.4.2 Inhalt- und Umfangsmanagement

In den Verträgen mit den Planern und Subplaner besteht gemäss SIA 112 Leistungsmodell eine klare Aufgabenzuordnung, sinngemäss den Arbeitspaketen des Projektstrukturplanes. In Phase 2 wird im Leistungsbereich Beschrieb und Visualisierung das Projektpflichtenheft mit Zielen erstellt. Für die ausführenden Unternehmer wird Inhalt und Umfang in der Phase 4 Ausschreibung definiert.

Swiss Energycodes, das Programm des SIA zur Qualitätssicherung und Weiterentwicklung des SIA – Normenwerkes im Bereich der Haustechnik und Energie. ( http://www.energycodes.ch ), dient ebenso dem klaren Definieren von Inhalt und Umfang im Sinne des PMBOK® Guide.

### 7.4.3 Terminmanagement

PMBOK® Guide umschreibt einiges an Methoden und Werkzeugen. SIA 112 Leistungsmodell enthält den Inhalt der Pflichtleistungen des Architekten und der Ingenieure. In der Praxis existieren oft Gantt - Diagramme (Balkendiagramm), z.T. mit EXCEL erstellt, in sehr unterschiedlicher Qualität und Realitätstreue. Bei der Anwendung mit MS – Projekt sind viele Projektbeteiligte aus verschiedenen Gründen mehr oder weniger überfordert. Es fehlt ihnen beispielsweise oft das Tool um die per Email erhaltenen Terminpläne zu öffnen oder es gelingt ihnen nicht, das Gantt – Diagramm auf Papier zu drucken. Begriffe wie kritischer Weg, Critical Path Methode (CPM), werden in der Baubranche eher selten benutzt. Fokussiert auf die Pflichten der Projektleitung gemäss Vertragsgrundlagen des SIA bietet der PMBOK® Guide praxistaugliche Methoden. Erfreulich ist auch die Tatsache, dass z.B. PSP und CPM in MS – Projekt integriert sind. Die Aufforderung liegt beim Anwender, wer es nutzt, dem nützt's.
Zusammenfassend formuliert: Die Pflicht und Notwendigkeit, dem Terminmanagement gerecht zu werden, ist im Kapitel 6 des PMBOK® Guide beschrieben.

- Was ist zu tun? → SIA 112 Leistungsmodell
- Wie? → PMBOK® Guide Kapitel 6
- mit welchem Werkzeug? → z.B. MS – Projekt oder Openproj[17]

### 7.4.4 Kostenmanagement

Alle Prozesse des PMBOK® Guide werden bei Bauprojekten umgesetzt. Dieser Umstand deckt sich mit dem Text Seite 157 im PMBOK® Guide „Jeder Prozess kommt in jedem Projekt mindestens einmal vor". [18]

### 7.4.5 Qualitätsmanagement

In der Baubranche ist i.d.R. vom PQM, d.h. projektorientiertes Qualitätsmanagement, die Rede. Dieses PQM ist gemäss SIA 102, 103, 108 Ordnung für Leistungen und Honorare im Rahmen der Gesamtleitung ab Phase 3 bis und mit Phase 5 eine Grundleistung im Leistungsbereich der Organisation. PQM nach den Prozessen des PMBOK® Guide sinngemäss interpretiert heisst:

- Qualitätsplanung → Phase 3 Vorprojekt „Mitwirken beim PQM"
  → Phase 3 Bauprojekt „Umsetzen PQM"
- Qualitätssicherung → Phase 4 Ausschreibung „Umsetzen der PQM Massnahmen", somit werden diese im Inhalt und Umfang und im Lastenheft der ausführenden Unternehmer per Werkvertrag nach SIA 118 allgemeine Bauarbeiten festgehalten.
- Qualitätslenkung → Phase 5 Realisierung „Umsetzen und überprüfen".

Die Literaturwerke beider Institutionen, SIA und PMI, verfolgen somit die selben Ziele.

[17] Internet http://openproj.org/

[18] Gilt analog für Terminmanagement, Qualitätsmanagement und Kommunikationsmanagement.

### 7.4.6 Personalmanagement

Die Normen- und Regelwerke des SIA enthalten Personalmanagement zur Hauptsache im Rahmen der Gesamtleitung mit phasenunabhängigen Leistungen

- die fachliche und administrative Leitung des Planerteams
- die Zuteilung der Aufgaben im Planerteam

SIA 112 Leistungsmodell beinhaltet im Leistungsbereich Organisation in den Phasen 3 und 5 die Organisation Planerteam. Personalbedarfsplanung gemäss PMBOK® Guide wird in den Normen- und Regelwerken des SIA weiter nicht explizit definiert. Beispielsweise ist das RACI-Diagramm auch für Bauprojekte ein geeignetes Werkzeug. Leiten des Projektteams sind im Rahmen der Bauleitung gemäss SIA teilweise enthalten. In Honorarordnung SIA 108 Art. 3.5 wird die Zusammenarbeit zwischen Gesamtleitung und anderen an der Planung beteiligten Fachleuten geregelt. Art. 1.13 thematisiert Mediation als Lösungsmöglichkeit bei Streitigkeiten. PMBOK® Guide umschreibt wertvolle Werkzeuge und Methoden für das zusammenstellen, entwickeln und leiten eines Projektteams.

### 7.4.7 Kommunikationsmanagement

Lessons Learned, d.h. Daten gesammelter Erfahrungen, werden im PMBOK® Guide mit den Wissensgebieten Kommunikations- und Risikomanagement behandelt. Die Normen- und Regelwerke des SIA betreiben Wissensmanagement hauptsächlich im Rahmen technischer Berichte. Jene des PMBOK® Guide enthält die Ausgangswerte Dokumentation der gesammelten Erfahrungen, Projektaufzeichnungen und Berichte, Projektpräsentationen, Feedback von Stakeholdern und Stakeholder Benachrichtigungen. Letzterer kann als „Erstellen von periodischen Standberichten“ aus SIA 112 Leistungsmodell verstanden werden.

Interne - Externe Kommunikation: PMBOK® Guide versteht intern als immer auf das Projekt bezogen. In Bauprojekten wird intern als je unternehmensinterne Kommunikation verstanden. In den Normen- und Regelwerken des SIA wird die phasenunabhängige und notwendige Kommunikation zwischen Bauherr (Auftraggeber) und dem Planer (PL / P-Team) verlangt. Im PMBOK® Guide steht dazu der Prozess Stakeholdermanagement. Alle Prozesse der Ausführungs- und Steuerungs- & Überwachungsgruppe des PMBOK® Guide können die Arbeit des PM-Teams in Bauprojekten sinnvoll unterstützen.

### 7.4.8 Risikomanagement

Die Normen- und Regelwerke des SIA beinhalten nur wenig definierte projektspezifische Leistungen oder Tätigkeiten zu diesem Wissensgebiet. SIA 118 Allgemeine Bedingungen für Bauarbeiten behandelt dieses Thema aus haftungs- und versicherungstechnischer Sicht und im Art. 60 Abs. 2 im Zusammenhang mit Witterungsverhältnissen. In Phase 3 werden Projektrisiken analysiert und in Phase 5 folgt Analyse und Bewertung. Die im PMBOK® Guide umschriebenen Prozesse beinhalten Werkzeuge und Methoden, die sich adäquat umgesetzt auch für Bauprojekte eignen. Chancen sind im PMBOK® Guide neben Risiken ein wichtiges Thema, in den Normen- und Regelwerke des SIA wird kein Chancen - Management erwähnt.

### 7.4.9 Beschaffungsmanagement

Durch die Situation, dass oft kein Projektstrukturplan existiert, wird die Notwendigkeit von speziellen Arbeitspaketen wie z.B. Zutrittkontrollsystem oder Geräte für Rauch- und Wärmeabzug erst während der Ausschreibung beachtet. Dadurch gerät diese Phase oft unter Termindruck. Als PSP – Ersatz wird häufig die BKP Struktur verwendet. (Aufbau siehe Tabelle 3 Seite 16). Der Abschlussprozess Vertragsbeendigung findet für den ausführenden Unternehmer am Bauwerk u.a. mit den Abnahmeprotokoll gem. SIA 118 Art. 157 statt. Dieses Werkzeug hat sich seit Jahren bewährt und wird meistens eingesetzt.

# 8 Schlussfolgerungen

Gemäss Gegenüberstellung der beiden Werke ab Seite 23 geht hervor, dass PMBOK® Guide von A bis Z resp. die Prozesse aller Wissensgebiete bei Bauprojekten entsprechend angewendet werden können. PMBOK® Guide erweitert die Kompetenzen eines Projektleiters bei Bauprojekten im Bereich der Methodik, aber auch im Umgang mit den je eigenen und persönlichen Soft Skills, z.B. beim Personal- oder Kommunikationsmanagement. Folgende Tätigkeiten werde ich anhand dem neu erarbeiteten Wissen aus dem PMBOK® Guide künftig vertieft in die tägliche Projektarbeit integrieren:

- Aus dem Integrationsmanagement das Erstellen einer Projektumweltanalyse sowie der Steuerungs- und Überwachungsprozess integrierte Änderungssteuerung, auch Changemanagement genannt. Das Ergebnis wird in verschiedenen Wissensgebieten wie z.B. Kommunikationsmanagement weiter benutzt; das Erstellen und Führen eines Projekthandbuches im Sinne des Projektmanagementplanes; das Dokumentieren gesammelter Erfahrungen im Sinne „Best Practices“
- Aus dem Inhalts- & Umfangsmanagement das Erstellen des Projektstrukturplans. Dieser bildet u.a. eine Grundlage für erfolgreiches Terminmanagement und die rechtzeitige Gliederung der Submissionen für die Ausschreibungsphase.
- Aus dem Terminmanagement die fünf Planungsschritte resp. Prozesse, die Bedeutung „kritischer Weg; kritischer Vorgang“ bei der Anwendung mit MS-Projekt.
- Aus dem Kostenmanagement die Methoden, insbesondere den Prozess „Steuerung der Kosten“ als Bewertungsinstrument.
- Aus dem Qualitätsmanagement die Anwendung als Instrument anhand dreier Prozesse und den Grundsatz: Qualität wird hineingeplant, nicht hineingeprüft.
- Aus dem Personalmanagement insbesondere die Prozesse Entwickeln und Leitung des Projektteams auch unter Berücksichtigung zunehmender Spezialisierung und dem dadurch entstehenden Mehrbedarf an Personal.
- Aus dem Kommunikationsmanagement insbesondere die Prozesse Fortschrittsberichtswesen und Stakeholdermanagement. Die Prozesse Informationsverteilung und Fortschrittsberichtswesen adäquat durchgeführt ermöglichen einen effizienten Zugriff auf Daten und Erfahrungen ähnlicher Projekte und optimieren das Verhältnis im Projektteam und zum Auftraggeber. Auch dies setzt eine entsprechende Kommunikationsplanung voraus.
- Aus Risikomanagement die Anwendung als Instrument anhand der sechs Prozesse. Auch der Aspekt, dass es neben Risiken auch Chancen gibt, die es zu nutzen gilt.
- Aus dem Beschaffungsmanagement die Planungsprozesse.

Immer wieder muss sich ein verantwortliches Mitglied der Projektleitung aber auch folgende Frage stellen: Dient mir (uns) dieses Instrument, oder diene(n wir) ich dem Instrument? Grundsätzlich gilt auch für die Organisation eines Bauprojektes ein wichtiger und bekannter Grundsatz:

> Soviel Standard, Normen und Formalitäten wie nötig, aber zu Gunsten der Flexibilität und der Einmaligkeit eines Bauprojektes so wenig wie möglich.

Die Normen- und Regelwerke des SIA kennen alle in der Baubranche tätigen Personen, den PMBOK® Guide deutlich weniger. Eine Anwendung der Methodik des Standards PMBOK® Guide ist aus meiner Sicht für Bauprojekte mehr als nur empfehlenswert. Übrigens, der Begriff „Bauprojekt“ erscheint vier mal im gesamten Werk. Unter Berücksichtigung dass Beispiele eher selten vorkommen und der Inhalt des PMBOK® Guide allgemein gültig ist, darf sich die Baubranche angesprochen fühlen.

## 8.1 Persönliche Erfahrungen und Eindrücke

Während der Erstellung der vorliegenden Abschlussarbeit habe ich festgestellt, dass sich der Inhalt beider Literaturwerke ergänzen oder gar deckungsgleich sind. Der grosse Unterschied liegt darin, dass das PMI mit dem PMBOK® Guide branchenunabhängig und die Normen- und Regelwerke des SIA baubranchenspezifisch aufgebaut ist. Ich denke, dass die Prozessorientierung auch bei Bauprojekten mit zunehmender Komplexität der Funktionen und stetiger Steigerung der Anforderungen sinnvoll sein wird. Ebenso verlangt ein immer engerer Zeitrahmen klare Planung von Prozessen und ein effektives Changemanagement.

**Abbildung 3 SIA mit PMBOK**

Ich konnte viele nützliche Skills für das tägliche Projektgeschäft gewinnen. Das Projektmanagement als eigenständige Disziplin, als eine Kernkompetenz von PL im Bauprojekten, hat für mich zusätzlich an Stellenwert gewonnen.

Ich gelange zur Aussage, dass in Bauprojekten das Angebot des SIA oft nicht ausgeschöpft wird. Dies zu ergründen wäre interessant, würde aber den Rahmen dieses Abschlussberichtes sprengen.

## 8.2 Lessons Learned / Handlungsempfehlungen

Welches Szenario ist mir lieb?[19]

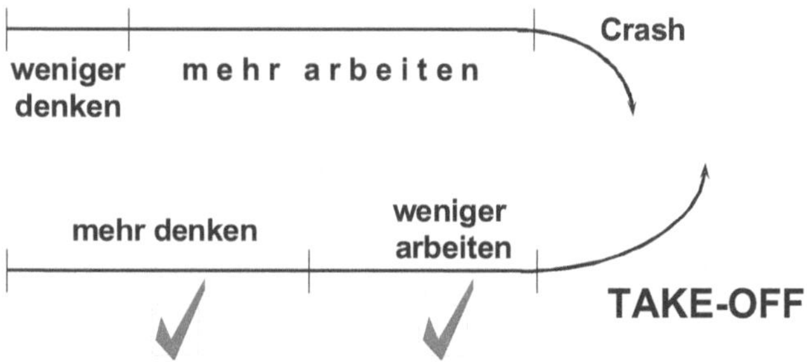


**Abbildung 4 Szenario in Projekten**

Konsens als Basis jeder guten und dauerhaften Geschäftsbeziehung wird in der Checkliste zum Planervertrag 1012/1 zur Ordnung SIA 112 Leistungsmodel beschrieben. Die Wissensgebiete Inhalt- und Umfangsmanagement (PMBOK® Guide Kap. 5), Personalmanagement (PMBOK® Guide Kap. 9) und Kommunikationsmanagement (PMBOK® Guide Kap. 10) unterstützen diese Botschaften und bilden den wesentlichen zusätzlichen Beitrag, um Konfliktpotential zu minimieren.

[19] Quelle: mc2

Schnittstellen planen!
PMBOK® Guide umschreibt Schnittstellen in sämtlichen Wissensgebieten und die Normen- und Regelwerke des SIA bieten klare Strukturierungsmöglichkeiten. Meine Empfehlung:

- Die Methoden des PMBOK® aus den Wissensgebieten Integrationsmanagement sowie Inhalts- und Umfangsmanagement anwenden.

Die Beschreibung „Ziel des PMBOK® Guide“ (siehe Seite 23 in diesem Abschlussbericht) kann sinngemäss ergänzend mit den Leitgedanken in den Erläuterungen zum SIA 112 Leistungsmodell auf Bauprojekte angewendet werden.

Viele im PMBOK® Guide beschriebene Methoden können in Bauprojekten angewendet werden. Ein unmittelbarer Nutzen kann z.B. aus nachstehender Handlung entnommen werden:

- Laut PMBOK® Guide sind "Besprechungen zur Sammlung von Erfahrungen" ein MUSS → jeder Meilenstein wird mit einer entsprechend dokumentierten Besprechung / Sitzung formell abgeschlossen.

Meine Empfehlung:

- Das Projektteam nimmt die Verantwortung entsprechend der Normen- und Regelwerke des SIA sowie das PMBOK® Guide wahr. Als verantwortungsbewusster Projektmanager verfüge ich über das Wissen und Können aus den Werken der beiden Institutionen SIA und PMI. Ich leite und betreue mein Team, betreibe Stakeholdermanagement, kümmere mich um das Identifizieren und Dokumentieren von Problemen, plane Qualität resp. verfolge aktives PQM, betreibe effektives Changemanagement und kenne die Projekt – Risikodaten. Eine graphische Darstellung der Prozessgruppen gemäss PMBOK® Guide im Phasenmodell nach SIA 112 integriert ist in der Beilage 11 Übersicht Schlussbetrachtung SIA mit PMBOK® Guide Seite 46 zu sehen.

Auch sehe ich die Bezeichnungen Projektmanager und Management nicht als Modewörter die zum guten Ton gehören. Wenn es uns gelingt, das Bauprojekt von der Projektidee bis zur Benutzung des Werkes „an der Hand zu führen“, dann haben wir als Leitende „ unsere Hände im Spiel“, auch Hand angelegt und stehen mit dem gesamten Team zum Projekt.

Obige, vielleicht „PMBOK® Guide einseitig“ erscheinende Interpretation soll die hohe Qualität der Normen- und Regelwerke des SIA in keiner Art und Weise schmälern. Ich will vielmehr mit Hilfe der Prozessorientierung gemäss PMBOK® Guide und dessen Werkzeuge und Methoden die Grundsätzen des SIA verwirklichen und umsetzen können.

Die Interpretation nachstehender Aussage überlasse ich dem Leser selbst. Für mich ist dieses Zitat eine Motivation im Alltag (nicht nur in der Projektarbeit), um einerseits neue unbekannte Aufgaben anzugehen, und andererseits neues Wissen zu erarbeiten.

„Wer andauernd begreift, was er tut, bleibt unter seinem Niveau“
Martin Waiser (* 1927), dt. Schriftsteller

# 9 Literaturverzeichnis

## 9.1 Literaturquellen


- **„A Guide to the Project Management Body of Knowledge: Dritte Ausgabe“**
  diverse Autoren, 3. Ausgabe 2004, PMBOK-Guide; Project Management Institute, ISBN 1-930699-72-7
- **SIA 108 Honorarordnung Ordnung für Leistungen und Honorare der Maschinen- und der Elektroingenieure sowie der Fachingenieure für Gebäudeinstallationen**
  diverse Autoren, Ausgabe 2003-06 1. Auflage 2'500 / Schwabe, Muttenz
  Herausgeber:
  schweizerischer Ingenieur- und Architektenverein, Selnaustrasse 16 8039 Zürich
- **SIA 112 Leistungsmodell**
  diverse Autoren, Ausgabe 2001-06 1. Auflage 3000 / Schwabe, Muttenz
  Herausgeber:
  schweizerischer Ingenieur- und Architektenverein, Selnaustrasse 16 8039 Zürich
- **SIA 118 Allgemeine Bedingungen für Bauarbeiten**
  Schweizer Norm SN Bauwesen 507 118 / eingetragene Norm der schweizerischen Normenvereinigung, diverse Autoren, Ausgabe 1991, 5/1999 unveränderter Nachdruck
  Herausgeber:
  schweizerischer Ingenieur- und Architektenverein, Postfach 8039 Zürich
- **Vertragsgestaltung Checkliste zum Planervertrag 1012/1 (2001)**
  zur Ordnung SIA 112 Leistungsmodell,
  Herausgeber:
  schweizerischer Ingenieur- und Architektenverein, Selnaustrasse 16 8039 Zürich


## 9.2 Internetquellen


- „Bericht zu den Vorkommnissen rund um den Projektablauf des Um- und Erweiterungsbaus am Kantonsspital Liestal vom 18. Juni 2003“ GPK-PUK des Landrates des Kantons Basel-Landschaft
  http://www.baselland.ch/fileadmin/baselland/files/docs/parl-lk/berichte/2003/180/2003-180_gpk-puk-ksl.pdf
- Kurzbeschreibung: **„A Guide to the Project Management Body of Knowledge**
- Swiss Energycodes http://www.energycodes.ch
- www.sia.ch Schweizer Ingenieur und Architektenverein
- www.pmi-switzerland.ch Project Management Institute Schweiz
- www.openproj.org free open source desktop project management

# 10 Beilagen

## 10.1 Beilage 1 Organigramm eines Bauprojektes

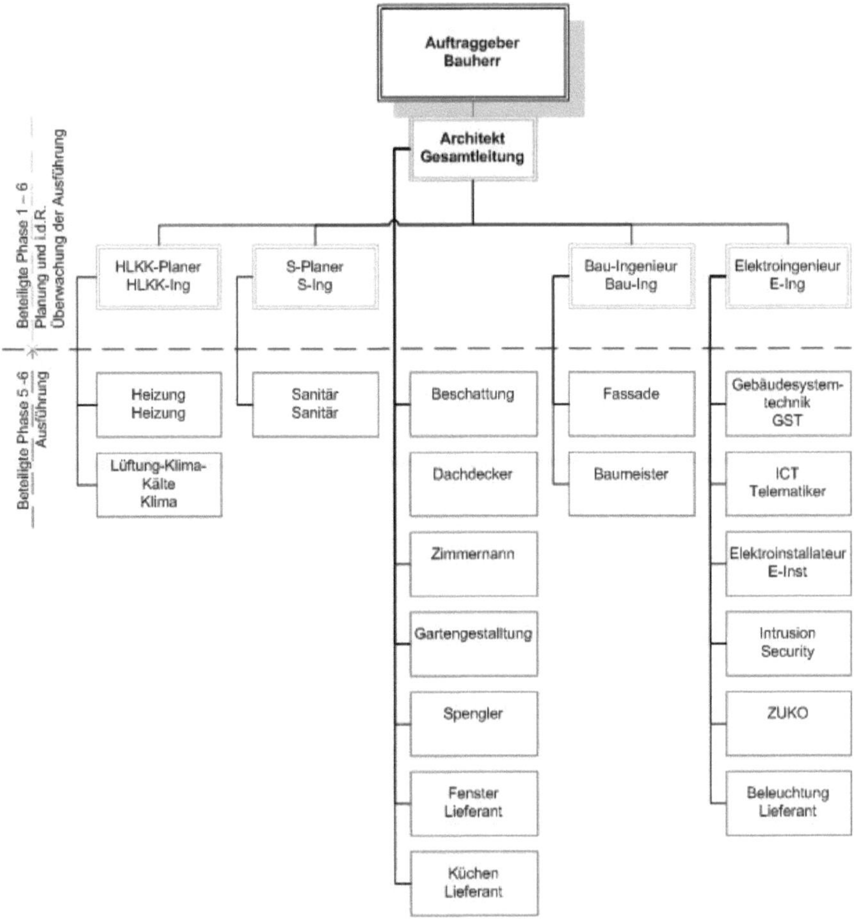

### 10.2 Beilage 2 SIA 112 Phasenplan und Phasenziele

| Phase | Teilphase | Ziele |
|---|---|---|
| 1 Strategische Planung | 11 Bedürfnisformulierung | Definieren der übergeordneten Ziele, der Bedürfnisse und Rahmenbedingungen |
| | Evaluation Lösungsvarianten | Wahl der Lösungsstrategie |
| 2 Vorstudien | 21 Machbarkeitsstudie, Projektpflichtenheft | Vollständige Unterlagen Machbarkeitsnachweis Vorgehen / Organisation Projektdefinition |
| | 22 Wettbewerb | Zur Weiterbearbeitung empfohlenes Projekt |
| 3 Projektierung | 31 Vorprojekt | Definition optimale Lösung |
| | 32 Bauprojekt | Baureifes Projekt mit notwendige Dokumenten, Berichten u. Nachweisen Detailpläne soweit erforderlich Definition der Kosten u. Termine |
| | 33 Bewilligungsverfahren / Auflageprojekt | rechtskräftig bewilligtes Projekt |
| 4 Ausschreibung | 41 Ausschreibungspläne Ausschreibung Lastenheft Offertvergleich | Vergabereife erreicht, d.h. mit den ausführenden UN können Werkverträge abgeschlossen werden. |
| 5 Realisierung / Ausführung | 51 Ausführungsprojekt | Ausführungsreife erreicht |
| | 52 Ausführung | Bauwerk gemäss Pflichtenheft und Vertrag erstellt |
| | 53 Inbetriebnahme | Bauwerk übernommen u. in Betrieb, Schlussabrechnung abgenommen, Mängelfrei |
| 6 Bewirtschaftung (Facility Management) | 61 Betrieb | Betrieb sichergestellt und optimiert |
| | 62 Erhaltung | Gebrauchstauglichkeit und Wert des Bauwerks für definierten Zeitraum aufrechterhalten |

Projektverlauf → → → Zeit →

| Strategie Planung | Vorstudien | | Projektierung | | | Ausschreibung | Realisierung | | | Bewirtschaftung | |
|---|---|---|---|---|---|---|---|---|---|---|---|
| 11 | 21 | 22 | 31 | 32 | 33 | 41 | 51 | 52 | 53 | 61 | 62 |

Quelle: Ordnung SIA 112, eigene Darstellung

### 10.3 Beilage 3 Berichtwesen in Bauprojekten gemäss SIA

Berichtwesen ist in der nachstehenden Tabelle als Übersicht mit Bezug auf die entsprechende Norm dargestellt.

| SIA | Kap./Pos. | Inhalt u. Kurzbeschreibung | Bemerkungen |
|---|---|---|---|
| 108 | 3.4 | die Erstellung von periodischen Standberichten | Gesamtleitung über alle Phasen |
| 108 | 4.11 | Erstellen eines Berichts | Phase 1 Strategische Planung |
| 108 | 4.52 | Erstellen periodischer Kostenberichts | Phase 5 Realisierung |
| 112 | S9/27 | die Erstellung von periodischen Standberichten | Phase 1 Strategische Planung |
| 112 | 112 | Bericht «Bedürfnisüberprüfung» | Phase 1 Strategische Planung |
| 112 | 213 | Bericht Kostenermittlung | Phase 2 Vorstudien |
| 112 | 222 | Durchführen der Vorprüfung inkl. Vorprüfungsbericht | Phase 2 Vorstudien |
| 112 | 31. bis 33. | Verschiedenste Berichte und Nachweise | Phase 3 Projektierung |
| 112 | 522 | Periodische Standberichte inkl. Genehmigung durch den Auftraggeber | Phase 5 Realisierung (Bauausführung) |
| 112 | S25/27 | erstellen von periodischen Standberichten | Als phasenunabhängige Leistung der allg. Vertragsbedingungen. |

### 10.4 Beilage 4 Abnahmeprotokoll gemäss SIA 118 Allgemeine Bauarbeiten

# Prüfung des Werkes – Protokoll

Datum/Zeit: ............

Objekt: ............

Werkvertrag vom: ............

Bauherr: ............

vertreten durch: ............

Unternehmer: ............

vertreten durch: ............

Örtliche Bauleitung: ............

vertreten durch: ............

☐ **Prüfung bei Vollendung gemäss Norm SIA 118, Art. 157 ff.**

**Die Prüfung ergab** gemäss ☐ Art. 158 Abs. 2 (Prüfung des vollendeten Werks):
☐ Art. 161 Abs. 3 (Nachprüfung des zurückgestellten Werks):

☐ keine Mängel
☐ unwesentliche Mängel gemäss Liste auf Seite 2
☐ wesentliche Mängel gemäss Liste auf Seite 2

Entscheid auf Grund der Prüfungsergebnisse:
☐ Das Werk/-Teil gilt als abgenommen (keine oder unwesentliche Mängel, Art. 159, 160)
☐ Die Abnahme wird zurückgestellt (wesentliche Mängel, Art. 161 Abs. 1)

Das Werk wird zum Weiterbau/ zur Ingebrauchnahme ☐ überlassen.
☐ nicht überlassen.

Frist zur Behebung der Mängel: ............

☐ **Schlussprüfung gemäss Norm SIA 118, Art. 177**
**Die Prüfung ergab** gemäss Art. 177 ☐ keine Mängel
☐ Mängel gemäss Liste auf Seite 2

Frist zur Behebung der Mängel: ............

Quelle: SIA aus Norm 118

## 10.5 Beilage 5 Übersicht PMBOK® Guide

| Wissensgebiets-Prozesse | Projektmanagementprozessgruppen<br>Initiierung | Planung | Ausführung- | Überwachungs- & Steuerung | Abschluss- |
|---|---|---|---|---|---|
| 4. Integrationsmanagement in Projekten | Entwickeln Projektauftrag<br>Entwicklung vorläufige Beschreibung P-Inhalt & Umfang | Entwickeln Projektmanagementplan | Lenken & Managen der Projektausführung | Überwachen & Steuern der Projektarbeit<br>Integrierte Änderungssteuerung | Abschliessen des Projektes |
| 5. Inhalts- & Umfangsmanagement in Projekten | | Planung des Inhalts und Umfangs<br>Definition des Inhalts und Umfangs<br>Erstellen des Projektstrukturplans | | Verifizieren des Inhalts und Umfangs<br>Steuerung des Inhalts und Umfangs | |
| 6. Terminmanagement in Projekten | | Definition der Vorgänge<br>Festlegung der Vorgangsfolgen<br>Einsatzmittelbedarfsschätzung für den Vorgang<br>Schätzung der Vorgangsdauer<br>Entwicklung des Terminplanes | | Steuerung des Terminplanes | |
| 7. Kostenmanagement in Projekten | | Kostenschätzung<br>Kostenplanung | | Steuerung der Kosten | |
| 8. Qualitätsmanagement in Projekten | | Qualitätsplanung | Durchführung der Qualitätssicherung | Durchführung der Qualitätslenkung | |
| 9. Personalmanagement in Projekten | | Personalbedarfsplanung | Zusammenstellung des Teams<br>Entwicklung des P-Teams | Leiten des P-Teams | |
| 10. Kommunikationsmanagement in Projekten | | Kommunikationsplanung | Informationsverteilung | Fortschrittsberichtswesen<br>Stakeholdermanagement | |
| 11. Risikomanagement in Projekten | | Risikomanagementplanung<br>Risikodefinition<br>Qualitative Risikoanalyse<br>Quantitative Risikoanalyse<br>Risikobewältigungsplanung | | Risikoüberwachung und -Steuerung | |
| 12. Beschaffungsmanagement in Projekten | | Planen der Einkäufe u. Beschaffungen<br>Planen des Vertragswesens | Lieferantenanfragen<br>Lieferantenauswahl | Vertragsabwicklung | Vertragsbeendigung |

Quelle: PMBOK® Seite 70 Tabelle 4-45

### 10.6 Beilage 6 Zusammenfassung von Werkzeuge & Methoden

Werkzeuge und Methoden zu den 44 Prozessen aus PMBOK® Guide.

Alle nachstehend aufgeführten Werkzeuge sind wortgetreu aus dem PMBOK® Guide übernommen. Aus meiner Sicht können einige davon auch bei Bauprojekten angewendet werden.

Die jeweiligen Zahlen entsprechen der Kapitelnummer des PMBOK® Guide ebenfalls in der vorigen Beilage „Übersicht PMBOK® Guide" in der Spalte links enthalten ist.

- ☐ Projektauswahlmethoden; 4
- ☐ Fachurteil; 4; 5; 6; 12
- ☐ Projektmanagementinformationssystem Informationstechnologie; 4; 12
- ☐ Vorlagen Formulare Standards; 5; 6
- ☐ Prüfungen und Audits; 5; 12
- ☐ Projektstrukturplanvorlagen; 5
- ☐ Produktanalyse; 5
- ☐ Identifizierung von Alternativen; 5
- ☐ Analyse; 5; 11
- ☐ Änderungssteuerung; 5
- ☐ Zerlegung; 5; 6
- ☐ Rollende Planung; 6
- ☐ Terminnetzplanvorlagen; 6
- ☐ Bestimmung der Abhängigkeiten; 6
- ☐ Anwenden von Vor- und Nachlaufzeiten; 6
- ☐ Projektmanagementsoftware (z.B. MS-Project); 6; 7
- ☐ Bottom-UP-Schätzung; 6; 7
- ☐ Terminnetzplantechnik; 6
- ☐ Methode des kritischen Weges (Pfades / CCPM); 6
- ☐ Berichten des Projektfortschrittes; 6; 12
- ☐ Balkendiagramme zum Terminplanvergleich; 6
- ☐ Abweichungsanalyse; 6
- ☐ Analyse von Angeboten; 7
- ☐ Qualitätskosten; 7
- ☐ Kostenzusammenfassung; 7
- ☐ Änderungssteuerungssystem für Kosten; 7
- ☐ Analyse der Leistungsmessung; 7
- ☐ Prognosen; 7
- ☐ Beurteilung der Projektleistung; 7; 9
- ☐ Abweichungsmanagement; 7
- ☐ Kosten-Nutzen-Analyse; 8
- ☐ Benchmarking; 8
- ☐ Qualitätskosten (COQ); 8
- ☐ Qualitätslenkungswerkzeuge und -methoden; 8
- ☐ Ursache-Wirkungs-Diagramm; 8
- ☐ Paretodiagramm; 8
- ☐ Diagramme & Stellenbeschreibungen; 9
- ☐ Verhandlungen; 9
- ☐ Zusammenstellung; 9
- ☐ Schulung; 9
- ☐ Teamaufbauaktivitäten; 9
- ☐ Zusammenlegung der Arbeitsplätze; 9
- ☐ Beobachtungen und Gespräche; 9
- ☐ Konfliktbewältigung; 9
- ☐ Problemprotokoll; 9; 10
- ☐ Analyse der Kommunikationsanforderungen; 10
- ☐ Kommunikationstechnologie; 10
- ☐ Systeme zum Sammeln und Abrufen von Informationen; 10
- ☐ Methoden zur Informationsverteilung; 10
- ☐ Statusprüfungsbesprechungen; 10
- ☐ Zeitberichtsysteme; 10
- ☐ Kostenberichtsysteme; 10
- ☐ Risikomanagementplan; 11
- ☐ Beurteilung der Risikowahrscheinlichkeit und –Auswirkung; 11
- ☐ Wahrscheinlichkeits- und Auswirkungsmatrix; 11
- ☐ Risikokategorisierung; 11
- ☐ Einstufung der Dringlichkeit von Risiken; 11
- ☐ Strategien für Bedrohungen und Chancen; 11
- ☐ Neueinstufung von Risiken; 11
- ☐ Risikoaudits; 11
- ☐ Vertragsformen; 12
- ☐ Standardvordrucke; 12
- ☐ Öffentliche Ausschreibung; 12
- ☐ Vertragsverhandlung; 12
- ☐ Systeme zur Lieferantenbeurteilung; 12
- ☐ Auswahlsystem; 12
- ☐ Methoden zur Angebotsbeurteilung; 12
- ☐ Änderungssteuerung für Verträge; 12
- ☐ Zahlungssystem; 12

## 10.7 Beilage 7 Die drei Hauptdokumente des PMBOK® Guide

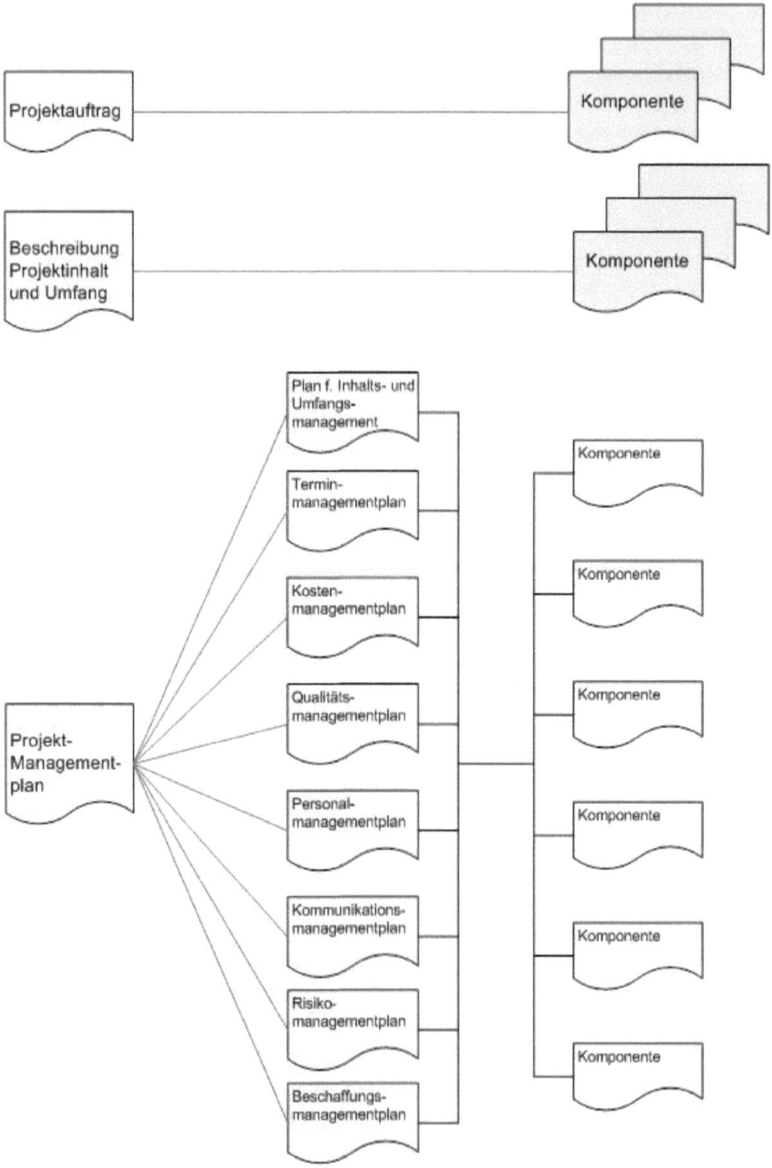


Quelle: PMBOK ® Guide

### 10.8 Beilage 8 Erforderliche Fachgebiete für das Projektmanagementteam

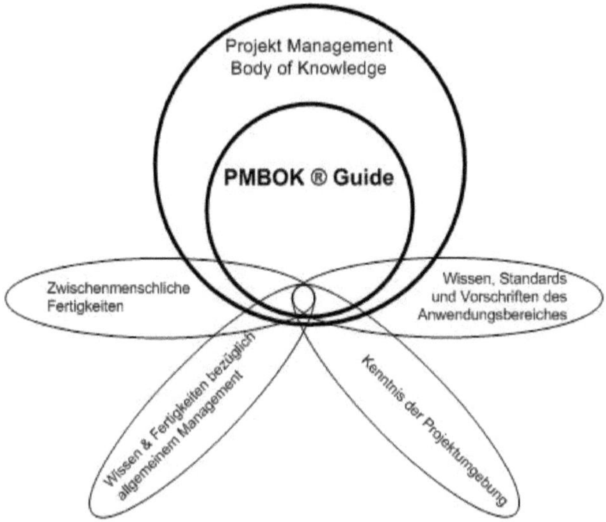


Quelle: PMBOK ® Guide

### 10.9 Beilage 9 Anforderungen an das Projektmanagement

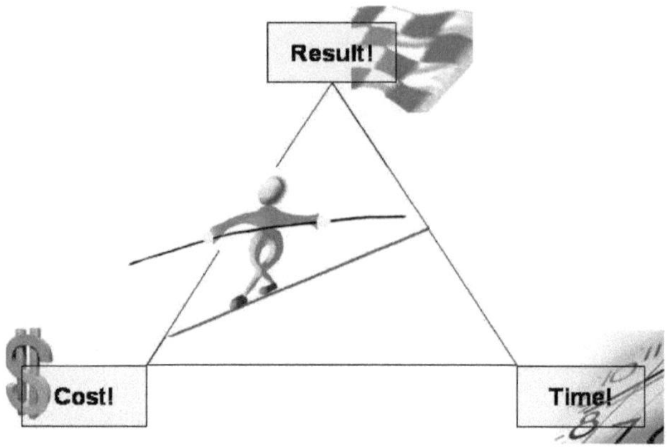


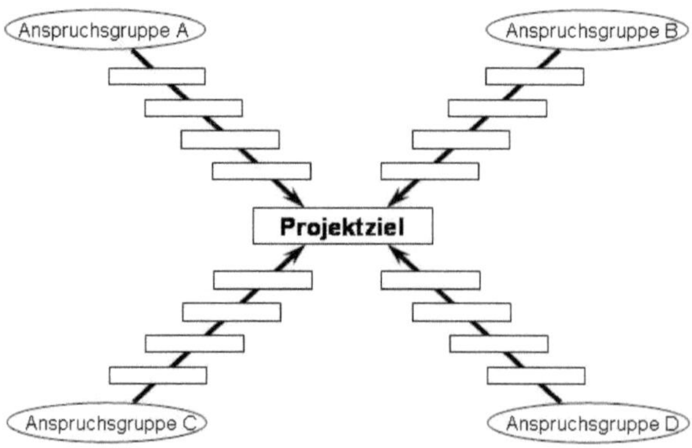


Quelle: mc2

## 10.10 Beilage 10 Beispiel Prozessablaufdiagramm aus PMBOK® Guide

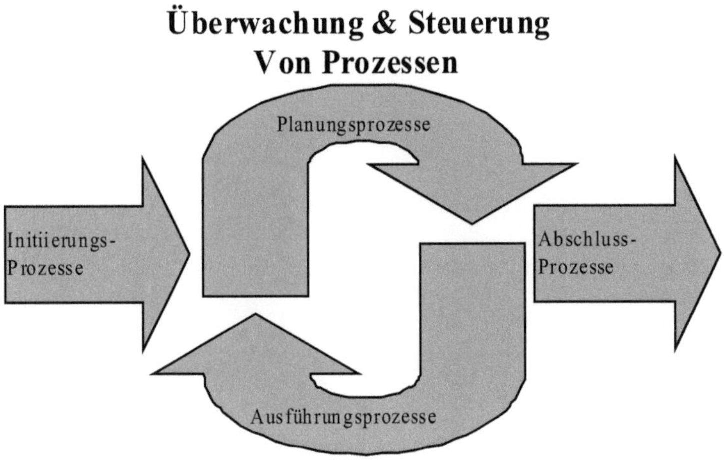


Abb.3-2 PM-Prozessgruppen, dem Zyklus plan-do-check-act zugeordnet

Quelle PMBOK - Guide

## 10.11 Beilage 11 Übersicht Schlussbetrachtung SIA mit PMBOK® Guide

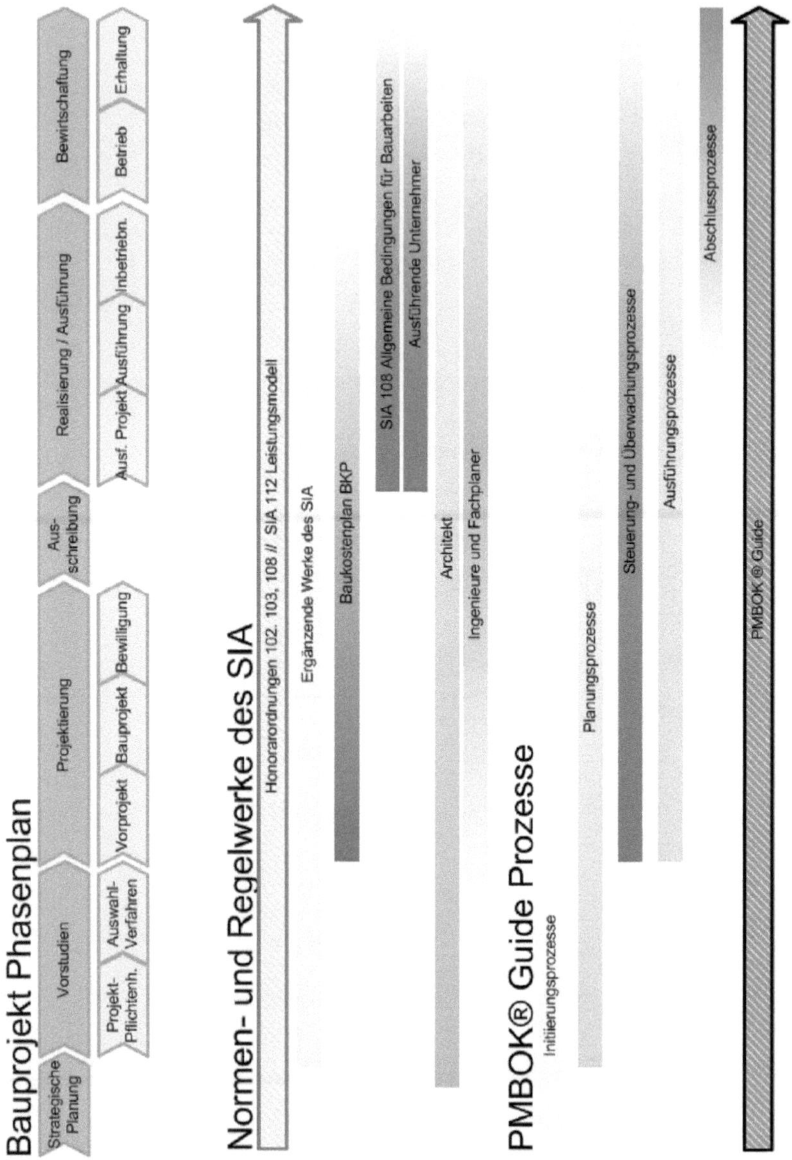


Quelle: eigene Darstellung